DFAⅢ(オリゴ糖)を含有した3商品!!
分娩後の良好な立ち上がりのために
カウライザーVⅢ
(乳牛用液状混合飼料)
分娩前後の健康をサポート
ニッテンドライⅢ17
(乳牛乾乳期用配合飼料)
ニッテン
ドライⅢ17
乾乳期用
A飼料
Net20Kg
「ニッテンドライⅢ」を
お届けできない地域の皆様へ
ミラクルオリゴⅢ
(乳牛用サプリメント)
〔平成20年〕
日本家畜臨床学会長賞
〔平成21年〕
北海道畜産学会賞
〔平成22年〕
農林水産大臣賞
それぞれを受賞しました
製造元
Tokachi Feed
とかち飼料株式会社
〒089-2605 北海道広尾郡広尾町会所前6丁目5-3
Tel.01558-2-0301 Fax.01558-2-0302
販売元
日本甜菜製糖株式会社
【お問い合せ】ニッテン飼料事業部
〒080-0831 北海道帯広市稲田町南9線西13番地
0120-486-718 Fax.0155-48-9607
e-mail:feed-info@nitten.co.jp URL:http://www.nitten-feed.jp

JN208517

DAIRYMAN 臨時増刊号

長命連産実践ガイド

【監修】阿部　亮

デーリィマン社

監修の言葉

ここ十数年の日本の酪農家戸数、乳牛の飼養頭数の動向を見ると、危機を感ぜざるを得ません。酪農家戸数は毎年1,030戸、乳牛の飼養頭数は毎年３万0,900頭の減少傾向をたどっています。このままの状況で推移すれば、約10年後、2025年の国内の牛乳生産量は550万ｔ程度になると推定されます。14年度の牛乳生産量は733万ｔですので、これは大変な事態。牛乳乳製品の需給状況は大きく変わります。

今までのトレンド（傾向）を止めねばなりません。どうするか。種々のことが考えられますが、飼養管理技術に関しては、乳用牛の供用期間の短縮の流れを反転させなければなりません。乳牛の供用期間は02年が4.2産、07年が4.0産、12年が3.5産です。日本の乳牛は長命連産ではなくなってきているのです。なぜか。1つには、疾病による除籍（廃用）の多さがあります。13年度の「乳用牛群能力検定成績のまとめ」を集約すると乳房炎、繁殖障害、肢蹄故障、消化器病、起立不能による除籍が６万5,779頭で、検定牛総頭数の12.1％、検定農家１戸当たりの平均除籍頭数では7.4頭にも上ります。日本全体では、検定に参加していない酪農家もあることから、これらの数字、除籍数はもっと大きくなるでしょう。疾病を防ぎ、除籍数を減少させることができれば、供用期間はより長くなり、経営にプラスとなり、規模の拡大にもつながります。また国、酪農界にとっても、「酪農及び肉用牛生産の近代化を図るための基本方針」（酪肉近）の将来目標により近づくことになり、影響力は大きいものとなります。

本書は乳牛の長命連産を実現しようという目的の下に出版が計画され、その内容は、「死産と子牛の損耗を防ぐ」「周産期疾病の予防」「乳房炎の予防」「蹄病の予防」「繁殖からのアプローチ」「暑熱ストレスを防ぐ」「高乳量を維持する」そして「経営基盤の充実」を柱としています。そして、執筆は日常的に酪農家の皆さんと環境的にも、心情的にも、近い距離で仕事をされておられる方々にお願いしました。

14年10月に「乳用牛ベストパフォーマンス実現会議」が農林水産省の発案で開催され、種々の活動が行われていますが、その主旨は、「現在飼養されている乳用牛の泌乳能力と繁殖能力を、牛への負担を増やさずに最大限発揮（ベスト・パフォーマンス）させてゆく」ことにあります。

冒頭に書いたような現状を改善することがこの会議の目的ですが、それに本書が少しでもお役に立ち、側面支援をすることができれば幸いです。

2016年5月　阿部　亮

目　次

執筆者一覧（50音順・敬称略）

監修　阿部　亮

相原　光夫	（一社）家畜改良事業団情報分析センター次長
阿部　亮	畜産・飼料調査所 御影庵 主宰
池口　厚男	宇都宮大学農学部農業環境工学科教授
今吉　正登	大山乳業農業協同組合酪農指導部指導課課長
尾矢　智志	空知中央農業共済組合家畜部家畜診療所所長補佐
菊地　実	きくち酪農コンサルティング㈱代表取締役
木田　克弥	帯広畜産大学畜産フィールド科学センター センター長（兼）家畜防疫研究室長教授
久米　新一	京都大学大学院農学研究科応用生物科学専攻生体機構学分野教授
鈴木　善和	中札内村農業協同組合畜産部
田口　清	酪農学園大学獣医学群獣医学類教授
田中　義春	（公社）北海道酪農検定検査協会総務部参与
丹戸　靖	全国酪農業協同組合連合会購買部酪農生産指導室課長
堂地　修	酪農学園大学農食環境学群循環農学類教授
西田　武弘	帯広畜産大学家畜衛生学研究部門環境衛生学分野准教授
三好　志朗	エムズ・デイリー・ラボ代表
山崎　武志	農研機構北海道農業研究センター酪農研究領域主任研究員
渡邊　徹	わたなべ酪農ゼミナール代表

読者の皆さまへ

わが国の酪農は、戸数減少による生乳生産の減退が懸念されています。今後、生産基盤を確保するには、個別経営の増産はもちろんのこと牛群能力をフルに発揮することが求められます。

本書のテーマである牛群の長命連産は、酪農家にとってぜひとも実現したい課題ですが、労働力が限られる中で牛群には高泌乳が求められ、繁殖管理も容易ではないなど難題に囲まれています。実現には子牛から育成期、分娩から周産期まで適切な環境・飼料をいかに準備し提供できるかがカギです。生産効率を落とす乳房炎、蹄病への備えも欠かすことはできません。

本書は長命連産をキーワードに、牛群管理における重要項目を取り上げ、酪農家に近い現場を熟知する執筆者から的確なアドバイスをいただきました。これからの管理改善にぜひ活用いただきたいと思います。

デーリィマン編集部

第I章

死産と子牛の損耗を防ぐ

死産と子牛の損耗を防ぐ

第Ⅰ章

1 母子の分娩事故を減らす

田中　義春

乳量が増えた、乳質(体細胞)が悪く(高く)なった、四変(疾病)が発症した…などは農業者間で話題になります。しかし、子牛が死んだ、母牛が死んだ…という話を聞くことはなく、情報交換の対象になりません。

なぜでしょうか。決して良いことではなくわが家の恥との心理が働き、それらは表に出ません。乳房炎や繁殖は治療や検診のため獣医師や授精師が頻繁に訪れ、長期間にわたり心理的負担が掛かります。しかし、死んだ子牛や母牛は一時的にショックはあるものの、レンダリング会社がトラックで運んでしまえば頭から離れます。

また、農業者はわが家の死産がどのくらいか、隣と比較して多いのか少ないのか、毎年どのくらいの発生かを理解せず、まひ状態になっています。指導者も実態を十分に把握分析しておらず、双方に認識が低いのが実態でしょう。

幾度となく授精してようやく受胎。10カ月間育て失うことは、時間と労力と金の大きな損失です。乳量を維持・拡大するためには将来の戦力である後継牛の確保と健康な母牛が前提条件になります。乳牛として長命連産で生産能力を100％発揮させることは、牛の一生を全うすることを意味します。

■分娩時の死産が大きな問題

1）子牛の分娩事故率は1割も

現状で「死産」という定義は明確になっていません。獣医師の病名もさまざまで、乳検は農業者の自己申告によるものです。胎子の段階で既に死んでいるもの、分娩時のけん引によって死んだもの、十分な看護を受けられず死に至ったものなど、さまざまです。北海道の過去3年間における死産報告は6％台で推移、そのうち9割は分娩時は生きているといいます。

一方、酪農家が耳標を装着してから分娩0カ月齢に死んだ子牛は、北海道で3％にも達します(牛個体識別全国データベース)。出生頭数に対する0カ月齢の死亡頭数は2014年3.3％、12年3.8％、10年3.3％、08年3.0％でした。

子牛の死亡は分娩前後6％、0カ月齢3％。この2つを加えると分娩事故率は9％にも達します。これは北海道NOSAIが08年に調査した胎子死と新生子死を分娩数で除した分娩事故率8.8%とほぼ一致します。つまり、生後0カ月齢以内に子牛は1割ほど死んでいることが明らかになったのです。

2）酪農家間で死産率に差が

図1は北海道における14年4月から15年3月までの3,890戸(途中で離農、飼養形態の変更を除く)における死産率の分布を示したものです。北海道の酪農家の乳検加入率は7割、頭数で8割をカバーしています。死産率は平均6.2%ですが0％から20％超えまで、酪農家間で広い範囲で分散していました。1年間ゼロはおよそ1割、逆に死産率が3割を超える酪農家もあります。

単純に、1戸当たり1年間の分娩頭数を75頭とすると、およそ6.2%、4.7頭の子牛が死んでいます。さらに、耳標装着後の分娩0カ月以内に死んだ子牛はおよそ3％で2.3頭となり、合わせると7頭死んでいることになります。

生まれた子牛に早く良質な初乳を飲ませることより、自ら初乳を欲しがる元気な子牛を生ませる方が先決です。軽種馬経営における子馬の分娩事故率は1％以内で議論されており酪農経営だけが突出して高くなっています。

3）管理を変えない限り同傾向で

図2は酪農家における14年と13年の死産頭

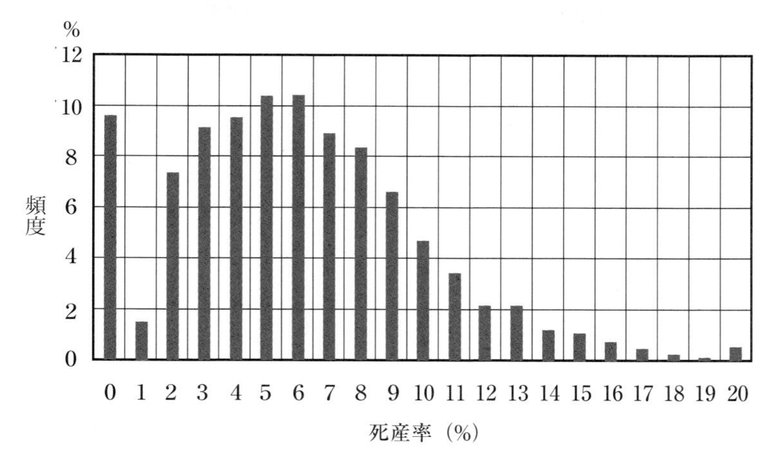

図１　北海道における死産率の分布

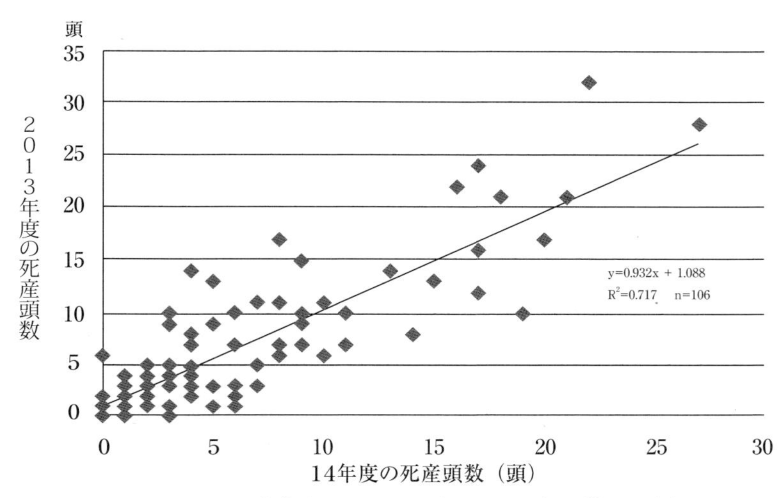

図２　酪農家における２年間の死産頭数の関係

数の関係を示したもので、相関は極めて高いことが分かります。また、13年と12年の死産頭数の関係も全く同様の傾向でした。率で見ると分母の小さい小規模酪農家の数値が上下し、相関係数は低くなるものの年次間の関係は高くなっています。

死産が昨年20頭の酪農家は、分娩前後の管理を見直さない限り、本年だけでなく３年後、５年後も20頭前後が死亡します。逆に、昨年ゼロの酪農家は飼養管理を変えない限り本年だけでなく３年後、５年後もゼロに近いことを意味します。

一方、規模が大きいほど労働力は回らず死産率が高いと推測したものの、経産牛頭数と死産率の関係は薄い。130頭以上の大型経営は５％前後で、分娩時の管理マニュアルが確立・実践されています。逆に、飼養頭数の少ない酪農家ほどバラツキが大きく、先々代の時代から分娩前後の管理が伝統的に受け継がれていると判断できました。

４）冬季の寒冷ストレスに対応を

図３は北海道における分娩月別死産率の推移です。年間を通して分娩頭数は同程度ですが12～２月の厳寒期は他の月より極端に高いことが分かります。母牛をつなぎの状態で生ませると出産直後、子牛は母牛の胎内温度から外界の温度へ低下します。冬期間に母牛や人の看護がなく、翌朝まで放置しておくと子牛の体感温度が下がり死に至ります。

乳牛は寒さに強い動物といわれますが、子牛は体脂肪が少なく被毛も薄く、ルーメン発酵がありません。哺乳子牛は育成牛や泌乳牛に比べて体重の割に表面積があるため、外気温が15℃を下回ると、体温維持に多くのエネルギーを消費します。さらに、体がぬれる、風が当たる、床が糞だらけ、などで大きな寒冷ストレスを受けます。

これらを考えると、分娩日時を事前に察知

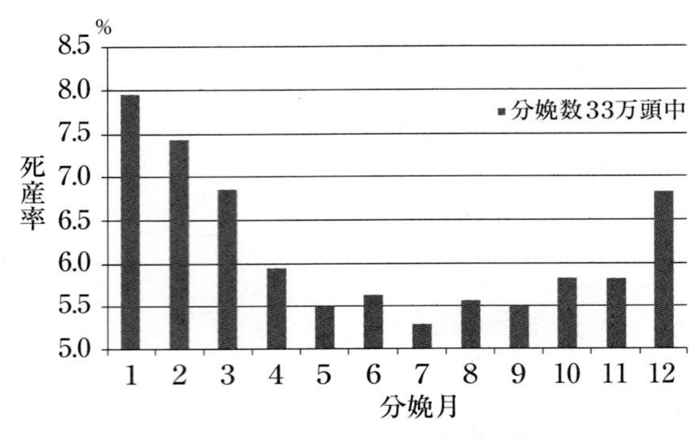

図３　北海道における分娩月別死産率

し冬期間の寒さ対策を徹底すれば子牛の死廃は減ります。「分娩監視装置を導入したら子牛の看護が行われ、死産は大幅に減った」という報告もあります。

母牛体温が前日より0.4℃以上下降したら、高い確率で24時間以内に分娩すると予測できます。保温には白熱灯や安価な材料で作製したカーフジャケット、ネックウオーマーや湯たんぽを用います。子牛は仮死状態で生まれるときもあり、そのときに体力消耗を防ぎ免疫吸収率を高める看護が必要になります。

５）初産牛の死産率が高いのは

北海道における年次別死産率は産次で大きく異なっており、14年は２産で4.9％、５産以降5.8％と過去５年間は５％台で推移しています。しかし、初産牛は10年10.7％、12年10.2％、14年8.3％といずれも他の産次より高くなっています（**表１**）。

分娩難易は５段階に分かれており、「１＝介助なしの自然分娩」から「５＝外科処理を必要とした難産」まで報告されています。分娩難易３は2、３人を必要とした助産で、３以上を難産と定義すると、生まれる子牛が雄であっても２産以降牛が4.9％であるのに対し初産牛は8.9％と高い。

北海道における15年の分娩時体重は初産牛584kg、２産牛635kg、３産以降牛676kgで、初産牛は３産以降牛の85％程度です。そのため、初妊牛は成熟牛と比べて分娩時の体格が小さく、母体は子牛の大きさに耐え切れず難産となります。

難産で生まれた子牛は分娩時間が長引いたため、血液中の酸素レベルは低く血液pHが酸性へ傾き、初乳（免疫グロブリン）の吸収率が低下します。さらに呼吸に問題を抱え、低酸素状態とアシドーシスからの回復が遅く死産の確率が高くなります。

死産率が低い酪農家の中には早い初産月齢を求めず、育成牛は骨格を形成してから授精するという方もいます。

表１ 北海道における年次別死産率の推移　単位：%

年次	１産	２産	３産	４産	５産〜
2010	10.7	5.4	5.3	5.7	6.2
11	10.4	5.6	5.3	5.5	6.2
12	10.2	5.6	5.7	5.7	6.1
13	9.8	5.4	5.5	6.0	6.2
14	8.3	4.9	4.9	5.7	5.8

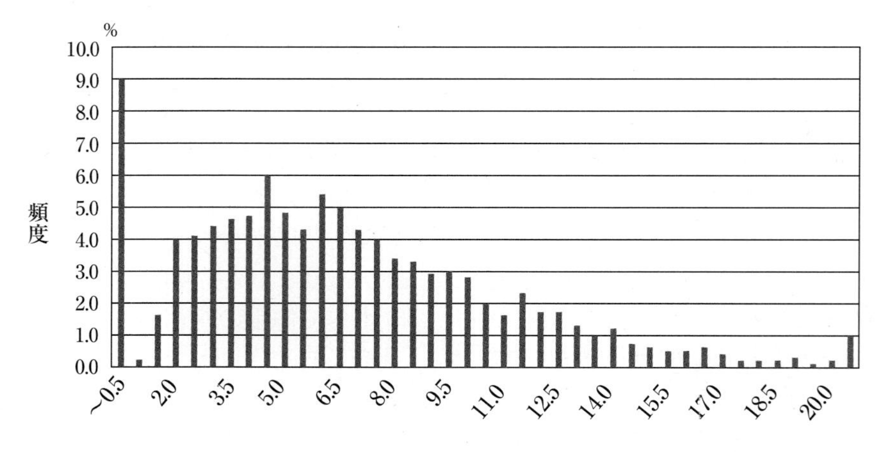

図4　分娩後60日以内死廃率の分布（3,890戸）

■死産は母牛にもマイナスの影響

1）母牛も分娩後の死廃が

母牛の分娩後の状況、例えば介助や難産、双子は母体へのダメージが大きく子牛の死産との関連性は高い。**図４**は北海道における3,890戸の分娩後60日以内の死廃率を示したものです。平均6.2％ですが０％（およそ１割）から20％を超える酪農家が広い範囲で分散していました。死廃は分娩日15％、１カ月以内34％、３カ月以内53％で、多くは分娩後１、２カ月で除籍となっています。

北海道NOSAIの引き受けに対する死廃事故頭数被害率を見ると、地域別に差があるものの毎年高い割合で推移しています。14年度の乳用成牛は5.9％・４万2,321頭、共済支払金額96億円、乳用子牛等は6.9％・４万5,469頭、同15億円。合わせると８万7,790頭、同111億円にも達します。もし、この数値を１割でも２割でも下げることができれば、道内の酪農業界は膨大な頭数と金額がプラスへ向かいます。

2）子宮内膜炎で受胎率低下が

子牛の死産は母牛にもボディーブローのように後から影響します。今産に死産を経験した母牛は次産もトラブルになることが多く、特に繁殖にはマイナスの影響を及ぼします。

酪農家単位で見ていくと、分娩頭数に対する子牛死産率と次期分娩間隔の関係は正の相関があります（r＝0.504、n＝50）。死産率の高い酪農家ほど次の分娩間隔が長く、死産率の低い酪農家ほど分娩間隔が短い傾向でした。

個体牛別で見ると、子牛の死産記録があった母牛の分娩間隔は２産で426日が次産456日（n＝38）、３産以降牛419日が次産441日（n＝68）と延びていました。さらに長期不受胎牛が多く、淘汰の割合が高くなっていました。

分娩状況は子宮内膜炎と関連し、オッズ比（罹患＝りかん＝牛と非罹患牛）は胎盤停滞34.3倍、死産7.9倍、双子5.0倍、助産2.8倍、乳房炎1.8倍、低カルシウム（Ca）血症1.6倍でした（Potterら2010）。妊娠中の母牛の子宮は無菌環境ですが分娩直後からさまざまな細菌が現れ、子宮の収縮に伴って悪露（おろ）と一緒に体外へ排出されます。しかし、分娩後しばらく経過しても細菌が検出され、子宮の修復がスムーズでなければ子宮内膜炎へ移行します。死産は子宮炎や子宮内膜炎と関連が強く、産道に大きなダメージとなり受胎率を低下させます。

3）低Caで分娩後に乳房炎が

難産の中には母牛の陣痛の力が弱いため、子牛を排出できないケースがあります。母牛が低Ca血症を発症すると平滑筋の動きは鈍くなり難産、胎盤停滞や第四胃変位だけでなく乳房炎にもかかりやすくなります。

図５は経過日数による急性乳房炎の発生推移です。乳期全体で発症することなく、分娩10日以内に集中しています。これは搾乳方法や手順の問題というより、低Ca血症で牛自体の免疫機能が弱まっていると判断すべきです。

乾乳後期は飼料中カルシウム濃度を下げて血液を酸性へ傾け、分娩時の要求量に対して骨から放出するやり方が一般的です。

ですから、日常管理の中で、なかなか胎盤が排出されないような状況の場合、乾乳期の飼料設計においてカルシウムの濃度を調整し、その結果、速やかに胎盤が排出される状況になれば、調整前の状態は低カルシウム血症だったという判断ができます。

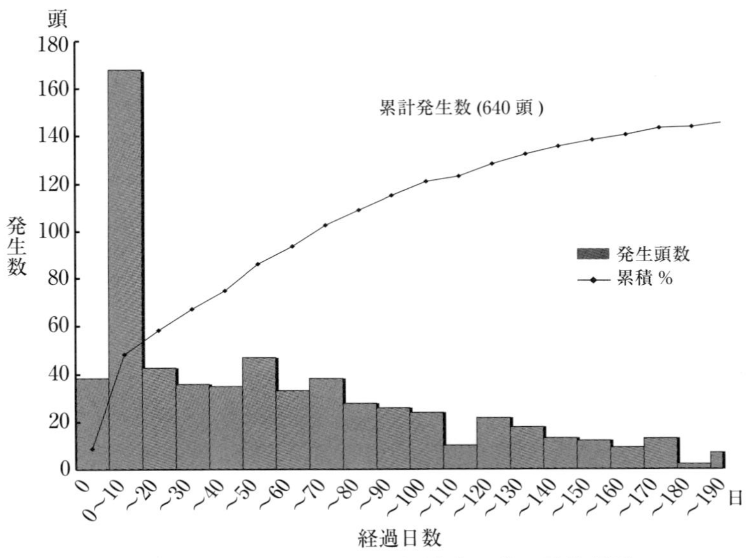

図５　経過日数による急性乳房炎の発生推移

4）牛群の長命連産の妨げに

年間子牛死産率と年間牛群除籍率の関係ですが、死産率が高いと除籍率も高くなります（r＝0.324、n＝106）。また年間子牛死産率と牛群平均産次の関係ですが、死産率が高くなれば平均産次は低下します（r＝－0.316、n＝106）。これらから、高い死産率は牛群の淘汰を早め、長命連産を妨げていることが分かります。

図6は酪農家の分娩60日以内除籍率と年間除籍率の関係ですが、両者の相関は高い。1年間に除籍する牛は乳期全体にバラつくことなく、泌乳初期に集中していることが分かります。

分娩後における母牛の除籍は淘汰というより、起立しない、歩行しないなど治療不可能で廃用の意味合いが強い。これから本格的な乳生産をと期待していただけに、農業者の思いに反し大きなダメージとなります。

■事故率を低減する技術

1）乾乳・分娩時の管理改善を

あるTMRセンターにおいて、構成員が同じ原料の餌を給与しても年間死産率は4～14％（平均7.7％）、分娩後60日以内除籍率は5～16％（平均6.7％）と酪農家間に差がありました。また同じ哺育育成センターの構成員でも、年間死産率は2～13％（平均7.0％）、分娩後60日以内除籍率は6～16％（平均11.6％）と酪農家間で広く分散していました。

飼養頭数が増えている現状では全ての牛をモニターすることは不可能で、乾乳から分娩までは注視しスムーズに移行させることがポイントになります。つまり体温測定や分娩予知通報システムなどで分娩日時を特定し、適切な介助や早期乾燥、子牛の保温、母子分離、初乳給与など牛が満足できる環境を提供します。また、いつもと違う牛をプロとして察知して、早めに対応する自覚と責任が求められています。牛は人から餌、水、寝床を与えられなければどうすることもできない生き物です。

これらを考えると、酪農家の観察と管理によって技術格差が生まれ、それが所得へつながっていきます。技術改善の結果、子牛の死産や分娩後の母牛淘汰が減るだけでなく、乳質が向上し受胎が早まると確信します。

2）乾乳期は粗飼料の充足を

乾乳前期に食い込んだ牛は乾乳後期でも産褥（さんじょく）期でも飼料充足率が高く、泌乳初期でも食い込みます。逆に、乾乳前期に食い込まない牛は後期でも産褥期でも飼料充足率が低く、泌乳初期でも食い込みません。さらに、乾乳後期にTDN充足率が高くなれば難産は少なく、逆に低ければ多くなります。

ただ、分娩前60日間で胎子の大きさがそれまでのほぼ倍に成長するため、子宮は胃腸を圧迫し採食量が落ちます。栄養要求量はどん

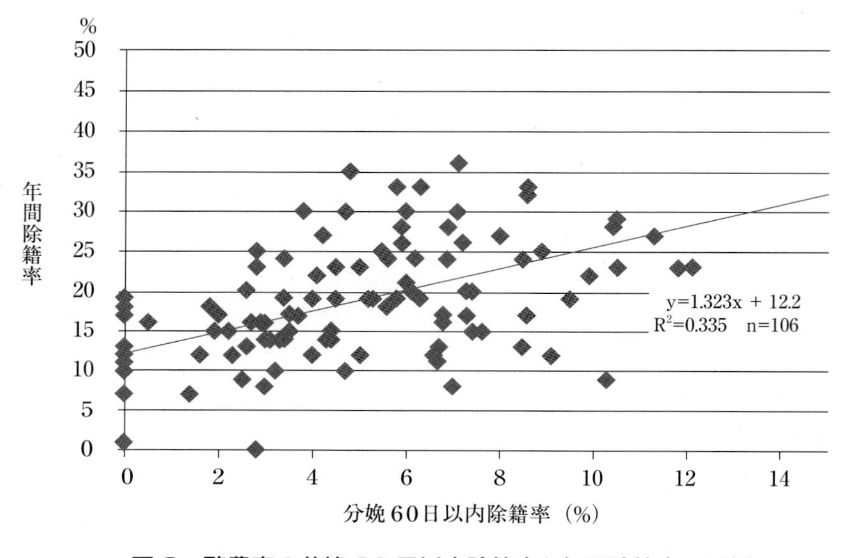

図6　酪農家の分娩60日以内除籍率と年間除籍率の関係

どん増えるものの体は重くなり飼槽、水槽や牛床へのアクセス回数が減ります。乾乳期にタンパク質やエネルギーが不足し肝機能障害に陥った母牛から生まれた子牛は虚弱で、下痢の発症率が高く発育は悪い。

乾乳牛が乾草やサイレージを食い込める環境下では繊維源の充足率が高まり、左腹は大きく膨れます。計画的な草地更新、植生改善、収穫適期など、選び食いが不可能な低いNDF含量の粗飼料を調製・給与すべきです。ルーメンスコアが高ければ血液の流れが多く毛づやも良くなり母牛は健康となり、健康な子牛をつくります。

泌乳牛と比べ乾乳牛は飼料、管理、施設面で劣悪な環境に陥っているケースが少なくありません。泌乳期が終わって乾乳期という発想ではなく、乾乳期から乳期がスタートという考え方が重要です。

3）過肥牛をなくし適度なBCSを

ここ数年、分娩間隔の長期化、TMR給与と群管理の普及によって過肥牛が目立ってきました。分娩前の体重と分娩後の落ち込み体重は相関があり、分娩前に重くなるほど泌乳初期の体重減が激しい（r＝0.431、n＝33）。しかも分娩前の最高体重と泌乳初期における乳脂率の相関が高く、体重が重いほど体脂肪を動員していることが分かりました（r＝0.549、n＝33）。

肥満の状態で分娩を迎えると、高泌乳牛は分娩後大量の体脂肪を動員し肝臓に過剰の脂肪沈着を招きます。遊離脂肪酸が乳腺で乳脂肪合成に利用されたため、肝機能を低下させ異物排せつ機能は劣ります。

BCS（ボディーコンディションスコア）が高くなることは難産だけでなくケトーシスや第四胃変位など、周産期病のリスクを高くします。BCS3.25以下の牛は無介助分娩率が94.4％で、BCS3.5以上の牛の67.9％と比べ高く繁殖成績も良好でした（根釧農試、2004）。分娩介助を減らすためには乾乳期BCSが3.0～3.25で3.5以上にならないよう調整すべきです。ただ、分娩時3.0以下や分娩後2.75以下の痩せ過ぎではより大きな問題を生じます。

太り過ぎは空胎日数の長期化が原因で、搾乳日数ではなく乾乳日数が延びることによるものです。搾乳中断や回数減の判断は日乳量が少ないという理由でなく、分娩日からさかのぼって40～60日で行います。さらに、泌乳中期から後期にかけて給与する飼料を調整し、乾乳時点で過肥をなくすべきでしょう。

4）自由な動きで自然分娩を

飼養形態別に、年間で変更がない酪農家をつなぎ、フリーストール、放牧、ロボットの４つに分類し死産率と双子率を調べました。その結果、放牧農家の死産率は5.4％で、つなぎ5.9％、フリーストール6.7％、ロボット6.4％と比べ低い（**表２**）。牛は放牧すると太陽光線を浴びながらおよそ１日に４万回かみ、４km歩行するので代謝が良いといわれます。

一方、乳牛の横臥（おうが）時間は１日10～13時間で、１回1.0～1.3時間横臥し寝起きを10回以上繰り返します。出産が近づくと頻繁に立ち上がって、時には反対側へ寝ながら胎子の位置を調整し分娩体勢を整えます。しかし、分娩牛が集中すると乾乳舎や分娩房は過密になり牛の動きを制限し、肢蹄の悪い牛は一方向の姿勢が長くなり逆子も増えます。寝起きがしやすくクッション性のある、清潔で乾燥している床面を提供すべきです。

事故率の低い酪農家を分析すると共通点はいくつかありますが、❶乾乳から分娩にかけて牛は行動を制限されることなく自由に動けほとんどが自然分娩❷乾乳牛舎があり密飼いすることなく敷料も豊富で牛周辺の環境が良好❸個体間の行動パターンにバラツキがなく同一な動きが見られる―などカウコンフォートが追求されています。

これらを考えると、牛は安楽性を保証することで動きはリズミカルとなり自然に分娩します。人手を全く借りず牛自ら出産する割合

表２　飼養形態の違いにおける死産率と双子率

経営形態	戸数（戸）	経産牛頭数（頭）	死産率（%）	双子率（%）
つなぎ	2,676	56	5.9	2.8
フリーストール	908	140	6.7	2.8
放牧	250	56	5.4	2.4
ロボット	56	115	6.4	3.3
全体	3,890	99	6.2	2.8

調査数：3,890戸

は14年で73％ですが、低事故率農家の実態から９割以上は可能と判断できます。

５）雌雄選別済み精液も選択肢に

北海道の死産率は分娩年で12年7.05％、13年6.87％、14年は6.16％まで低下しています。わずか１％減でも北海道35万頭以上の分娩頭数から判断すると大きな意味があります。

北海道における交雑種（F_1）の頭数推移を見ると、10年１万1,000頭だったものが15年１万3,000頭まで増えています。日本飼養標準乳牛2006年版によると、子牛の体重はホルスタイン（経産）46kg、黒毛単子は30kg、$F_1$36kgを基礎数値にしています。ホルスタインと比べて黒毛は明らかに体が小さく、分娩時の難産を防ぐことができます。

一方、雌雄選別済み精液は受胎率は落ちるものの雌９割というのが魅力で、増頭を希望する酪農家などで急速に普及してきました。

難産を分娩難易３以上とすると、初産牛♀は3.8％で♂の8.9％より低く、♀は体格や体重が小さく難産のリスクは低い。また、双子出産は通常精液と比べ選別済み精液は明らかに少ないのが特徴です。５カ月以内の死亡率は通常精液より低い、乳量や除籍産次は変わらない、精液の封入方法を２層に分離すると受胎率は６％も向上し通常精液と変わらないなど、新しい報告が次々と出ています。

選別済み精液は後継牛確保や遺伝的改良だけでなく、難産を低減する有効な手段と考えられます。現在、各地域で乳雌牛確保の事業が展開されており、利用条件はあるものの有効な活用を願いたい。母牛の分娩時体格を大きくするだけでなく、子牛が小さく生まれる選別済み精液も選択肢となります。

■技術の検証とデータ活用

１）必要とする育成牛を最小限に

乳生産の維持拡大を図るためには、経営内で必要な後継牛が最小限となる技術を追求すべきです。突然の死亡、計画外の廃用、繁殖の長期化は乳牛の更新率が高くなり、多くの育成牛を飼養しても枯渇します。

長命連産は❶子牛の死産率を低減する❷初産月齢を早める❸分娩間隔を短縮する❹母牛の除籍率を低減する―ことで増頭を意味します。

牛群100頭を維持するため必要な育成牛頭数（頭）は「2.45×初産月齢（月）＋2.63×除籍率（％）－70」で計算できます。例えば、初産月齢25カ月、除籍率26％であれば必要とする育成牛は60頭です。同じ初産月齢25カ月でも除籍率が30％になると70頭、逆に同じ除籍率26％でも初産月齢が30カ月では72頭まで増えます。除籍率が低いほど、初産月齢が早いほど、少ない育成牛で経営を維持できます。

一方、子牛の死産率が高くなるほど、分娩間隔が延びるほど、育成牛頭数を抱えなければなりません。特に、乳牛資源が高価格で初妊牛を市場から入手しにくい現状では、必要最小限の後継牛で賄うことを考えるべきです。

２）双子は乾乳期間と飼料充足を

双子は難産や死産など分娩前後のトラブルが多く（特に♂♂の組み合わせ）、繁殖にまで影響することが少なくありません。また、周産期病を発症し牛群から放出せざるを得ない状況に陥ります。**表３**は北海道における双子の実態ですが、双子率（双子以上）は10年2.94％、12年2.85％、14年2.84％と大きな違いはありません。ただ酪農家間で見ていくと、分娩頭数に対して０～18％と広く分布しています。

飼養形態別に見ると、放牧農家の双子率は2.4％でつなぎ2.8％、フリーストール2.8％、ロボット3.3％と比べ低い。なお、双子率は酪農家間で経産牛頭数、個体乳量、繁殖に相関関係は認められませんでした。

双子の妊娠期間は早産が多いこともあり単子より短く、クロースアップ期を数日間早めて乾乳日数は40日でなく60日を確保します。

表３　北海道における分娩年別双子の実態 単位：頭、％

分娩年	頭数	♂♂	♀♀	♂♀	双子以上
2010	339,380	0.80	0.76	1.37	2.94
11	337,902	0.82	0.76	1.40	2.98
12	334,835	0.76	0.74	1.35	2.85
13	329,039	0.74	0.73	1.34	2.82
14	328,625	0.76	0.74	1.34	2.84

注）３子以上は0.01

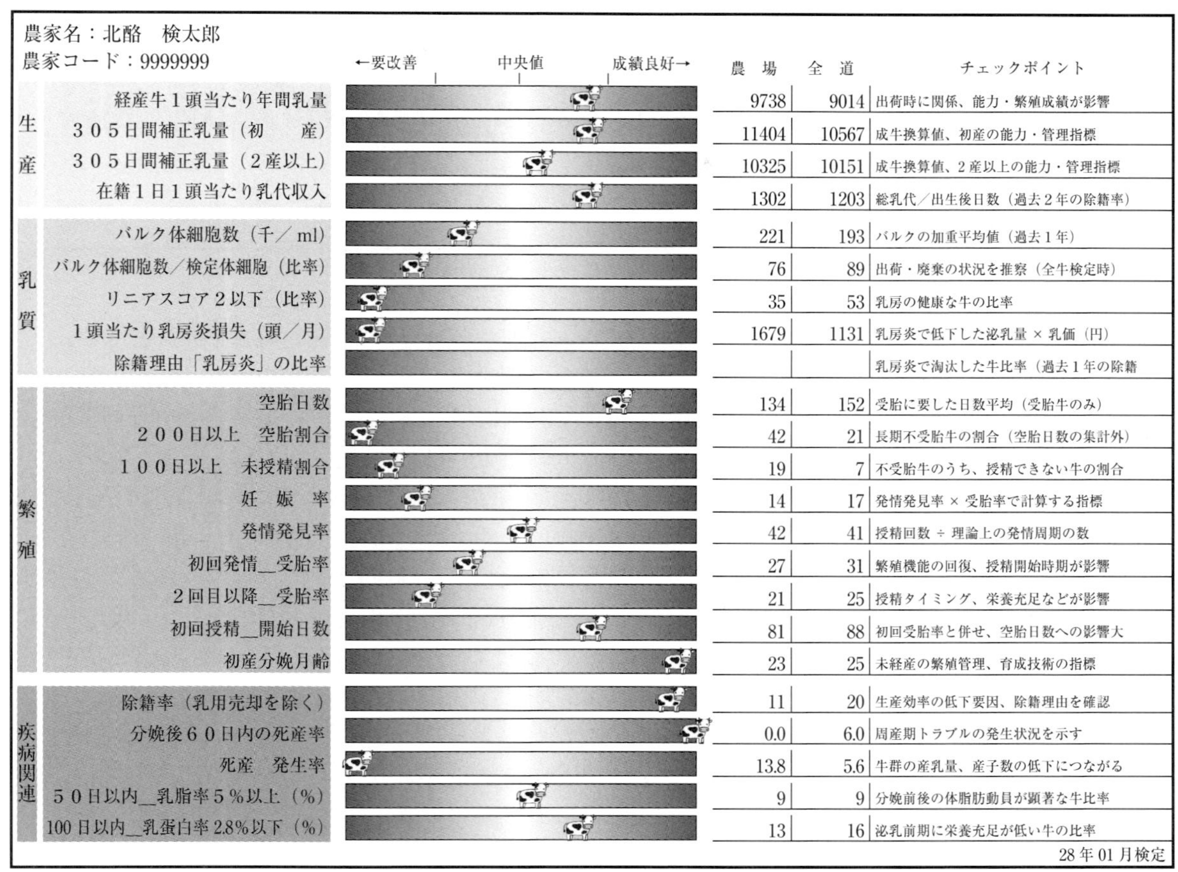

区分	項目	農場	全道	チェックポイント
生産	経産牛１頭当たり年間乳量	9738	9014	出荷時に関係、能力・繁殖成績が影響
生産	３０５日間補正乳量（初　産）	11404	10567	成牛換算値、初産の能力・管理指標
生産	３０５日間補正乳量（２産以上）	10325	10151	成牛換算値、２産以上の能力・管理指標
生産	在籍１日１頭当たり乳代収入	1302	1203	総乳代／出生後日数（過去２年の除籍率）
乳質	バルク体細胞数（千／ml）	221	193	バルクの加重平均値（過去１年）
乳質	バルク体細胞数／検定体細胞（比率）	76	89	出荷・廃棄の状況を推察（全牛検定時）
乳質	リニアスコア２以下（比率）	35	53	乳房の健康な牛の比率
乳質	１頭当たり乳房炎損失（頭／月）	1679	1131	乳房炎で低下した泌乳量×乳価（円）
乳質	除籍理由「乳房炎」の比率			乳房炎で淘汰した牛比率（過去１年の除籍
繁殖	空胎日数	134	152	受胎に要した日数平均（受胎牛のみ）
繁殖	２００日以上　空胎割合	42	21	長期不受胎牛の割合（空胎日数の集計外）
繁殖	１００日以上　未授精割合	19	7	不受胎牛のうち、授精できない牛の割合
繁殖	妊娠率	14	17	発情発見率×受胎率で計算する指標
繁殖	発情発見率	42	41	授精回数÷理論上の発情周期の数
繁殖	初回発情＿受胎率	27	31	繁殖機能の回復、授精開始時期が影響
繁殖	２回目以降＿受胎率	21	25	授精タイミング、栄養充足などが影響
繁殖	初回授精＿開始日数	81	88	初回受胎率と併せ、空胎日数への影響大
繁殖	初産分娩月齢	23	25	未経産の繁殖管理、育成技術の指標
疾病関連	除籍率（乳用売却を除く）	11	20	生産効率の低下要因、除籍理由を確認
疾病関連	分娩後６０日内の死産率	0.0	6.0	周産期トラブルの発生状況を示す
疾病関連	死産　発生率	13.8	5.6	牛群の産乳量、産子数の低下につながる
疾病関連	５０日以内＿乳脂率５％以上（％）	9	9	分娩前後の体脂肪動員が顕著な牛比率
疾病関連	100日以内＿乳蛋白率2.8％以下（％）	13	16	泌乳前期に栄養充足が低い牛の比率

図７　牛群検定Webシステム「DL」の総合グラフ

双子の母牛は食い込んでもBCSが高くならないのが特徴で、飼料摂取量は５割ほど増えます。さらに、エコーなどを用いて早めに見つけ、食い込みや分娩状況をきめ細かくモニターすべきです。

３）乳検活用で分娩事故率低下へ

子牛の死産率および母牛の分娩後60日以内の除籍率の低い原因を探りました。「あなたはどうして分娩事故率が低いのですか」と問うと、酪農家は共通して「死産率という言葉を初めて聞いた」「別に周りと変わった管理はしていない」と答えました。

繁殖や乳質などについて多くの酪農技術が解明され、農業者が実践できる体制にありますが、死産や母牛の事故率は情報が少なく、分娩前後の管理には改善の余地があり、多大な所得増へつながる可能性があります。

北海道酪農検定検査協会では牛群検定Webシステム「DL」を開発し15年から北海道の乳検農家へ無料で提供しています（**図７**）。授精やバルク乳記録を随時取り込み、数値だけでなく図表へ反映し「見やすくなった」と評価されています。総合グラフの中に「分娩60日以内の死廃率」「死産発生率」、それを事前に察知できる「50日以内乳脂率５％以上（%）」「100日以内乳タンパク質率2.8％以下（%）」が示されています。自分の農場との比較が可能なので是非活用をお願いしたい。

母子ともに事故率の低い酪農家が存在するのも事実です。各地域で関係機関が役割分担を明確にしながら戦略を練り、長期的な乳生産の維持拡大を図るべきです。なお、デーリィマン2015年11、12月号の「飼養形態別の検定情報を経営に生かす」および当協会のホームページも参考にしていただきたい。

「私を元気に産んで育ててください。そしたら２年後には立派なお母さんになります。私のお母さんももちろん元気です」という北海道酪農検定検査協会協会の熊野康隆専務の言葉で締めくくります。

第Ⅰ章 死産と子牛の損耗を防ぐ

2 哺育・育成牛の成績向上のための環境・飼料

鈴木　善和

酪農場の経産牛は毎年約３割が更新されていて、大半の牧場では自家育成の乳用後継牛で補充しています。これらの牛は次の時代の主力となる牛であり、その泌乳性や連産性はとても重要です。しかし残念ながら一部で育成方法に問題があり、後継牛を途中で死なせたり、発育不良のために牛が本来持って生まれた遺伝的能力を発揮せずに、やがて淘汰される現実もあります。

■育成牛の発育と乳腺機能の充実

牛の泌乳量は、採食能力と乳腺機能が握っています。まず育成期に反すう胃を十分発達させながら順調な発育をして、飼料をできるだけ多く摂取する後継牛に育つことが望まれます。育成牛の発育の良しあしには、酪農家がどの月齢にどんな飼料をどれだけ与えるか（給与メニュー）、牛がその飼料をどれだけ採食するか（すなわち乾物摂取量と採食環境）が重要なカギを握っています。標準発育曲線を上回る発育量で、取りこぼしなく全頭仕上げていく管理が求められています。

一方で、乳腺機能の充実も考慮すると、発育が高いほど良いわけではありません。春機発動前の急激な増体（日増体１kg以上のエネルギー過多）は乳腺機能の発達を抑制するのが分かっています。エネルギー量に応じた十分なタンパク質を給与するなど栄養のバランスを重視し、あまり高い増体としない方が良いとされます。

高エネルギーで低タンパク質な飼料を性成熟期まで与えられた後継牛は、乳房実質組織が少なく発達が劣っていました。成長と肥満は区別しておくことが重要です。成長とは骨や筋肉、重要な器官のような組織が増加することですが、肥満は脂肪組織が摂取エネルギーの貯蔵庫として異常に増加することです。

高エネルギー栄養は血中成長ホルモン量を減少させ、乳房分泌組織の発達を抑制するとの研究もあります。

連産性は育成期の発育と泌乳期の飼養管理に影響を受けます。後継牛、特に新生子牛期の免疫獲得と衛生的環境など適切な管理は、罹患（りかん）率と死廃事故を低く抑えるのに対し、管理が不適切な場合は家畜診療費が増加し、死廃が増えることで本来手にしたはずの収入を失ってしまいます。発育の遅れや繁殖性の低下は大きな経済的損失をもたらすのです。

■飼養環境の質に左右される

家畜は一般に、幼齢ほど外気の温度に影響を受けます。体温維持のために体熱産性が増加する下限臨界温度は、成牛が－26℃～－28℃であるのに対して、初生子牛ではかなり高めの７～９℃です。このような違いは、成牛に比べて体重当たりの表面積が大きいことにあり、体組織量当たりの熱量損失量が大きいといえます。

これに加えて幼齢畜は体温の調節がしづらい傾向にあります。これは皮下脂肪や皮膚が薄く断熱性が低いこと、循環器の発達が未熟で、循環血液量の調節が不十分なことが関係します。特に寒冷期では、低体温症になったり、衰弱して死廃の原因となるので、隙間風を防ぎ、周辺温度が極端に下がらないよう、施設面や保温の工夫が必要です。

厳寒期に子牛飼養環境の保温を重視した管理（畜舎の閉め切りや加温）が行き過ぎると、衛生的環境が劣化して、下痢や肺炎などの疾病を誘発する傾向も見られます。一方、暑い夏季は直射日光の遮断、風通し（または送風）

良好な発育には乾燥した衛生的な環境が欠かせない

に配慮するのはもちろん、湿度の影響も考慮して管理する必要があります。ヒトと同様、高湿度の場合にストレスを受けやすいからです。

空気の質も重要です。換気回数が少なければアンモニアや炭酸ガス濃度が高くなり、牛の行動に活力が失われてきます。畜舎内に悪臭がしたり、結露の跡が見られる場合は換気量不足を疑うべきといえます。

必要量の初乳を摂取して十分な免疫抗体と栄養を獲得した子牛は、多少の寒冷条件でも良好な発育を示す事例が大部分です。カーフハッチや開放的な畜舎などでは、新鮮な空気、乾燥して衛生的な環境で飼育する方が、飼料摂取量が多く、健康で発育が良い場合が多い。ただし体表面がぬれていたり、肢蹄が糞尿で汚れていたり、直接風が当たったりすることは避けるのが望ましいのは言うまでもありません。施設内の壁や天井に毎年石灰を塗ることは、衛生面の向上だけでなく、舎内が明るくなり、臭いも軽減されるなど効果があります。

■十分な栄養摂取で成長を促進

体重増加は、摂取した栄養を骨格の成長や筋肉の増加に振り向けることで、成し遂げられます。ただし体重と体高の増加率は月齢ごとに一定にはなりません。まず体高の増加率が高くなり、遅れて体重の増加率が高まります。ホルスタイン種乳牛の成長は体高が16カ月齢で60カ月齢の9割に達するのに対して、体重は約36カ月でその水準に到達します。このことは、発育に伴う主な発達部位が神経→骨格→筋肉→脂肪の順で進むことからも納得できます。従って育成初期の段階では、体高の増加に注目すべきです。

反すう(内容物を口に吐き戻し、かみ返しをして再び飲み込む行動)動物である牛は、第一胃(ルーメン)と第二胃からなる反すう胃を持っています。哺育期の子牛を除いて、摂取して飲み込まれた飼料片は、この反すう胃に運ばれて一時的に滞留し、微生物や原生動物の作用で分解と消化が行われます。その間に反すう胃の内容物(分解中の飼料片)は定期的に混合され、反すうされて、細かく砕かれ、発酵作用を受けてさらに小さな飼料片となり、第三胃、第四胃へと流れていきます。

良好な発育を実現するには十分な栄養摂取が不可欠ですが、育成牛の飼料摂取量は、発育が進むに伴い消化器官が量的にも質的にも発達(容積拡大と栄養吸収能増加)していく性質を持っています。すなわち成長程度と摂取量は相互補完の関係にあり、摂取した栄養素が十分に吸収されて成長が促進されて、摂取量の増加も進みます。

発育停滞が起こりやすい時期は栄養源が大きく変わる離乳直後です。哺育中の全乳や代用乳の給与をスターター(固形飼料)や粗飼料の給与に十分慣らして、離乳後は反すう胃の機能を発達させ容積拡大の停滞をできるだけ短期間に抑えることがポイントとなります。

育成牛は清潔で乾燥した心地良い環境で飼養することを目指すべきです。被毛が汚れた牛は断熱性能が落ちるので、外気温の影響を受けやすく、寒冷期などでは体温維持がしづらいために発育停滞を招きやすくなります。また体格(月齢など)の異なる牛同士を同じ群で飼養すると、弱い牛は採食量が制限されて発育が遅れます。

群飼いに移行後も採食量に注意し食い負けがないか確認する

■発育をモニターし対策・改善を

発育標準と比較して、後継牛の体重と体高が月齢に応じた発育を示しているかを把握することは、飼料給与量や飼養環境が適正か否かを判断する上で、極めて重要なことです。この意味から、全頭（毎月の）定期的な体格測定や月齢を決めた計測が望ましいといえます。

体重は農場段階では、巻き尺などで胸囲を測って推定するのが一般的です。体高は通常体尺計を用いますが、牛を捕捉するのに手間が掛かるのが難点です。精度は落ちますが飼槽や通路の柱などに付けた目盛で体高を判断するのも実践しやすい方法です。

後継牛は１頭ずつ、１カ月間隔で成長記録を取るのが望ましいのですが、月齢別の傾向や管理方法の妥当性を検証するだけであれば、前記のような方法も十分活用できると思います。

測定された数値は、横軸を月齢にした成長曲線で整理すると分かりやすいです（**図**）。発育に用いる体重と体高は相互に増加していくものです。しかし、体高は適正範囲だが体重は低い場合、逆に体重は適正範囲だが体高が低い場合、それぞれ相対的にエネルギー不足、タンパク質不足を疑うべきだと判断します。

タンパク不足（エネルギー過剰）であれば、体高が低くて太ったズングリとした体型となります。同じ群内でのバラツキにも注目して、どの時期にバラツキが多いのか、それはどの群から始まったかを確認することも大事です。

現状を知り課題を把握して、その対策を立て、改善することが重要です。育成牛の発育

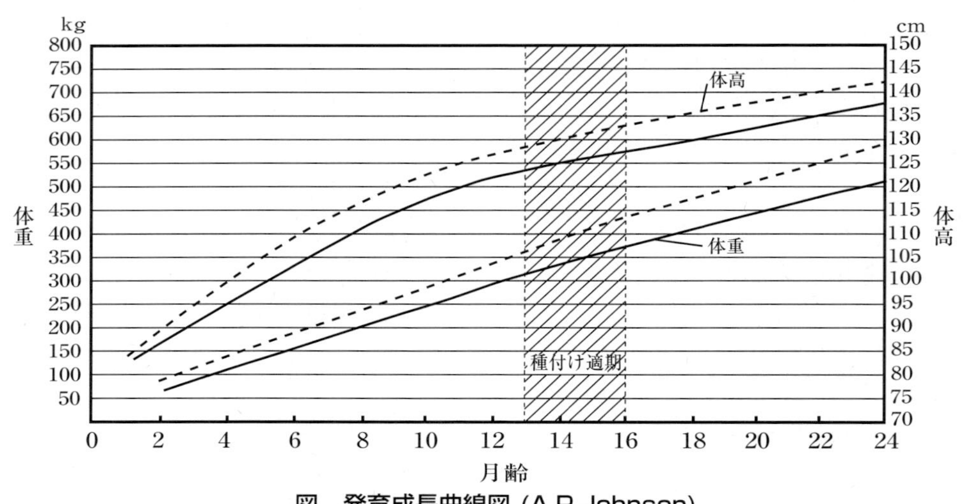

図　発育成長曲線図（A.P.Johnson）

体重・体高を定期的にモニターしてバラツキがないか分析し改善する

を定期的にモニターし分析することは、その第一歩となります。

■育成牛の発育目標

後継牛の体格（体高と体重）を定期的に測定し、出生時、離乳時、春機発動期、種付け期、初産分娩時などの体格を把握し、記録しておきます。さらに初産次、3産次の乳量などとの関係を検討します。

疾病の発生頭数を把握し、家畜衛生面での課題を獣医師などの専門家と共有するとよいかもしれません。共有するには、経営者や責任者ばかりでなく、育成牛管理に携わる作業従事者全てが農場の課題と対応方法（消毒方法やワクチンプログラム）を理解し、衛生・疾病対策の知識を理解するよう日々努力していることが大切です。

育成牛飼養は農場の置かれた条件や経営上の都合でさまざまなやり方があり、その結果としての実態があります。育成牛の発育成績や初産分娩月齢、さらには分娩後の産乳成績に差が出ているのは、多分に「育成牛の管理に失敗しても、その結果が出るのが2年以上先で、うまくいかない場合でも市場購入という手段で挽回できる」という気持ちがあるからと思います。

ある大規模な調査では、育成牛成績が不振な（発育が悪く、受胎が遅い）牛群は、経営面で損失が大きいとして、初産分娩月齢が1カ月間延びるごとに1頭当たり年間1万2,000円余計に経費が掛かる、と試算しています。これとは別に、初産分娩月齢が早い牛群は平均個体乳量が高い傾向にある、という結果もあります。

これらを考え合わせると、農場に合ったベストな育成牛管理方法を見つけることで、あなたの農場は収益を増し、限られた農場資源で最大の成果を望めるでしょう。

最後に、育成牛管理に関しては、最終的な目標となる指標として初産分娩月齢の数値を掲げることがよいでしょう。初産分娩月齢は近年短縮されつつありますが、それは飼養技術に優れた哺育預託センターが近年多数できていることが一因であるといわれています。そのような預託センターでは約24カ月齢分娩を実現しており、さらに上回る成績も見られます。初産分娩月齢24カ月という目標を目指すことです。これを実現するために、自然と初乳給与や離乳の方法、授精時期の想定体格を満たす発育が求められるようになります（表）。

表　育成牛管理の目標（例）

項目	目標
初産分娩月齢	24カ月
繁殖開始月齢	14～15カ月
生後2カ月以内の事故率	3%以下
15カ月齢の体重	380kg

死産と子牛の損耗を防ぐ

第Ⅰ章 3 事例 哺乳～育成の各ステージで採食、コンディションに注意

北海道夕張郡長沼町　廣田　睦男牧場

廣田牧場は経産牛52頭、未経産牛41頭をつなぎ牛舎で飼養し、１頭当たり年間平均乳量は9,300kg。「ストレスの少ない飼養管理と環境で牛への負担を最小限に」との管理方針の下、長命連産を心掛けています。2015年の生乳生産量は430ｔ、労働力は睦男さん(63)、双子の弟和博さん(63)、睦男さんの妻智恵子さん(58)、長男で後継者の陽佑さん(34)の４人です。

耕地面積は103ha(借地込み)で、そのうち牧草を49ha、トウモロコシを10ha作付けしています。

■乾草を飽食させ、欠かさず放牧

牛舎はタイストールで20年ほど前に飼槽、ウオーターカップを整備しトンネル換気を導入した他、　短かった牛床を10cm延長し180cmとしました。「四肢が強く乳器の良い牛」を目標に牛群改良を進め、16年２月現在、体型審査の平均点は85.6と高レベルを維持しています。

搾乳牛は毎日必ず放牧します。「朝の搾乳後２、３時間の放牧は欠かさない。牛のストレスを減らすためと牛舎内の作業のため」と言い、蹄病がないかなど牛体の観察にも気を配ります。放牧中に発情兆候を確認します。「分娩後の初回発情は60～80日で種付けするのが理想ですが、最近は少し延長気味」と成績悪化を気にかけており、作業者全員で発情を見落とさないよう注意しています。

飼料はトウモロコシサイレージ22kg／日・頭、ヘイキューブ３kg同、濃厚飼料８～10kg同のほか乾草を飽食させます。「牧草はほとんどをロールベール乾草に調製します。収納庫があるのとロールベールサイレージはコスト高なのがその理由です」と廣田さん。

廣田睦男さん

「１頭当たり年間乳量は１万kgを超えた時期もありましたが、牛に無理がかかり事故が多かった。現在、平均産次は3.0以上ですが、もし１頭当たりの年間乳量を1,000kg上げると１産取れなくなるのでは」との心配から濃厚飼料の給与量は抑え気味にしています。

■授精は15カ月齢で

乾乳は日乳量20kgを目安にし、期間は60日を基本としています。「あまり太っていない牛はやや長めとし期間は60～65日」とするなど乾乳前のコンディションを重視しています。乾乳期は「管理に手間が掛かる」との理由から前後期に分けることはせず、濃厚飼料１～３kg／日・頭、トウモロコシサイレージ３、４kg同、乾草は１番と２番草を組み合わせ飽食させます。

「分娩前は痩せ気味でなく、少し太り気味を理想とするためコンディションを見ながら濃厚飼料の給与量を調整します。あまり太っていても駄目です」と廣田さん。乾乳期のコンディション調整が理由のトラブルはほとんどありませんが、分娩前の過肥には細心の注意を払います。「それでも、分娩後の起立不

能が年に数頭出てしまう」と言います。

分娩1週間前に分娩牛は独房に移します。独房は3頭分あり、それぞれ3.6m×4.5mの広さ。「以前はストールで分娩させていたが独房にしてから事故はほとんどなくなりました。自然分娩させますが、子牛は生後母牛に付けて置きます。すぐに初乳が飲めるし哺乳刺激で母牛の子宮収縮が起こり子宮回復が早い」

初妊牛はそれまで群飼いで、係留に慣れさせるためタイストールに7～10日つないでから分娩1週間前に独房へ移します。

「初産牛は25カ月齢で分娩させます。23カ月齢分娩が推奨されるが、わが家は早期分娩させません。13カ月齢で体高が135cm以上で授精適期であっても15カ月齢で授精させます。2産以降も産を重ねてほしいので育成時の負担を最小限にしておきたい」との考えからです。

■ストレス与えず、太らせない

新生子牛は母牛から離してから初乳を1日3、4回、1回当たり2kgを給与。初乳が終わったら全乳を1日2回、2カ月齢まで量を徐々に増やしながら3kg／回を与えます。

子牛は2カ月齢まで個別ハッチ、その後2、3頭の群にします。2カ月齢以降乾草を飽食、トウモロコシサイレージ0.5～1.0kg／日・頭、ヘイキューブ200～500g同、育成牛用濃厚飼料3kg同を月齢に合わせ増給します。その他、1年前からビートパルプペレットを0.5～1.0kg／日・頭給与しています。

「5、6カ月齢以降10頭の群飼いとなるので競合に負けない体をつくるのが目的です。哺乳期間は下痢がないか、食い負けしていないか重点的に観察します」

哺乳・育成の各ステージでの注意点は乾燥

日当たりの良い哺乳牛のハッチ

2カ月齢から2、3頭の群で飼養

パドック併設の育成舎

乾乳牛と初妊牛が入るD型牛舎

タイストールに続く独房。右2頭、左奥1頭

状態を保つこと。敷料は麦稈(ばっかん)を使い頻繁に補充・交換して、下痢につながる高湿度を避けています。

群はパドック併設の育成舎(フリーバーン)で飼養します。餌の食い込み状態を観察ポイントに置き、食い負ける、群になじまない牛がいたら2、3頭の群に戻して様子を見ます。育成時から分娩前まで餌は乾草飽食、トウモロコシサイレージ4kg/日・頭、濃厚飼料2、3kg同です。

初妊牛の管理で大事なのは「ストレスをためないこと、太らせないこと」。これはハッチから群飼いまで共通する、廣田さんの管理方針です。これらの管理により近年の子牛の疾病はほとんどなく2015年、死産はゼロと好成績です。

■さらなる繁殖成績アップに取り組む

初妊牛は妊娠鑑定後、乾乳牛と同居させ過肥のチェックに目を光らせます。分娩前にタイストールにつないで慣れさせてから分娩房へ移動し分娩に備えます。初産牛の成績はピーク日乳量30kg、年間7,000～8,000kg。

廣田さんは「全ての期間を通じ、食い負けないこと、ストレスをかけないことに注意してきた。牛群の分娩間隔は390日。発情の見落としを少なくすれば改善できると考えています」と成績アップに取り組んでいます。

育成牛の充実を図り15カ月齢で授精、無理のない餌給与、管理方法が良い結果に結び付いています。

【山田　一夫】

第Ⅱ章

周産期疾病の予防

周産期疾病の予防

第Ⅱ章 1 周産期における乳牛の生理

西田　武弘

近年、乳牛の育種改良技術の発達によって泌乳量が増大しており、それに従って泌乳初期の栄養不足が深刻になっています。そのため乳量の低下、発情回帰の遅延、その結果としての分娩間隔の増大や脂肪肝の発生などの障害が多発する傾向にあります。これらの問題に対処するためには、泌乳初期の乾物摂取量の増大を図るとともに、妊娠末期における飼養方法を改善することが重要です。

妊娠末期は、経産牛では前泌乳時に消耗した消化器官や乳腺を回復させるとともに、胎子を順調に生育させることが必要です。また最近では、初産時の体重および乳量も増大しており、妊娠末期には母牛、胎子および乳腺の成長に十分な量の養分を供給するよう注意する必要があります。そのため、胎子の養分代謝および母体との栄養素配分とその制御機構を明らかにすることは、妊娠末期における精密な飼養管理を行うために重要です。

■胎子の成長と栄養源

胎子重量の増加は妊娠初期は小さいのですが、妊娠末期約３カ月間に急激に増大します（**図１**）。胎子の乾物重量は、妊娠190日目には妊娠子宮の45％を占めるにすぎませんが、妊娠270日目には80％を占めています。胎子の成長やエネルギー代謝に必要な炭水化物や窒素源は、主としてグルコースとアミノ酸で供給されています（**表**）。反すう動物では、短鎖や長鎖の脂肪酸やケトン体は胎盤をあまり通過できないため、酢酸は妊娠末期のウシ胎子のエネルギー源としては、およそ10～15％を占める程度だと考えられています。残りの30～40％のエネルギー源は、アミノ酸であると考えられます。

表　妊娠末期の牛の胎子のエネルギーと窒素源

	エネルギー(kcal／日)	窒素(g／日)
基質		
グルコースおよび乳酸塩	775	－
アミノ酸	1,306	38
酢酸	255	－
合計	2,336	38

注）妊娠250日のホルスタイン種で、胎子の体重を35kgとして試算

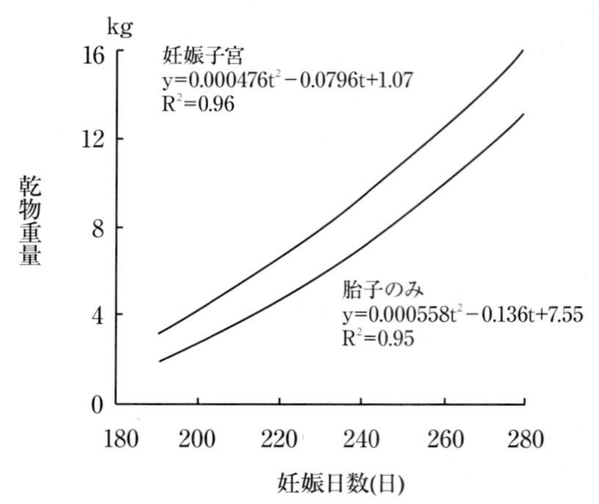

注)妊娠190日目以降, y：乾物重量(kg)　t：妊娠日数(日)

図１　ホルスタイン種経産妊娠牛の妊娠日数と妊娠子宮および胎子の乾物重量との関係

■胎子のエネルギー要求量

１）妊娠時におけるエネルギー要求量

日本飼養標準（乳牛版）では、妊娠末期における飼料増給として、妊娠末期９週間に要する代謝エネルギー量を平均的に摂取させることとして算出しています。ただし、式は子牛の出生時体重が46kgの場合のものなので、エネルギー蓄積量が生時体重に比例するものとして補正する必要があります。

$$E(t) = (0.00159 \times t^2 - 0.0352 \times t - 35.4) \div 46 \times 生時体重(kg)$$

E（t）：妊娠t日目における胎子のエネルギー蓄積総量（kcal）、t：妊娠期間（日）

２）エネルギー利用効率

母体の摂取した代謝エネルギーが胎子によって利用される効率は、乳牛で10.5%、12.3%、14.9%、ヘレフォード種で14%、黒毛和種で15%との報告があります。胎子蓄積への代謝エネルギー利用効率は、維持で70～80%、泌乳で60～70%、発育や肥育で40～60%といわれていることと比較して、著しく低くなっています。

胎子成長のためのエネルギー利用効率が非常に低い理由は、代謝活性は高いが成長しない組織（特に胎盤）および胎子の維持にエネルギーが消費されているせいではないかと考えられます。

■子宮および胎盤の組織での代謝

子宮および胎盤の組織（胎盤、子宮内膜、子宮筋層）は、妊娠末期には妊娠子宮全体の重量の20%程度を占めているにすぎません。しかしウシやヒツジでは、それらの組織は子宮に取り込んだ酸素の35～50%、グルコースの65%を消費していることが確認されています。

子宮に取り込まれたグルコースは30～40%は乳酸塩に変換されて、母体や胎子の血液中に放出されます。胎子胎盤に取り込まれたグルコースはフルクトースに変換され、胎子の血中に放出されます。反すう動物の胎子血中のフルクトース濃度は高く、胎盤で盛んに生成されていますが、代謝回転速度は遅く、エネルギー源としてはグルコースの１／５です。ウシの胎盤は、妊娠230日ごろまで成長しています。

■胎子の成長に影響する要因

1）血流量

胎子への養分供給を制限する要因として考えられるものとして、子宮および臍帯（さいたい）動静脈の血流量が挙げられます。ウシの妊娠子宮への血流量は、妊娠137日に比べて250日では4.5倍、臍帯の血流量は21倍になっています。

筆者らは、分娩前のウシにおける子宮動脈血流量を簡易に長期間測定できる手法を開発しました。子宮動脈血流量の測定結果は、**図２**に示しました。妊娠226日、248日および269日における妊娠子宮角側血流量の平均値は、ちょ立および横臥（おうが）時でそれぞれ8.0と8.8ℓ／分、9.9と11.1ℓ／分、8.1と9.7ℓ／分であり、いずれも横臥時の方が有意に高い値でした。非妊娠子宮角側血流量の平均値は、ちょ立および横臥時でそれぞれ2.0と2.1ℓ／分、2.4と2.7ℓ／分、3.1と3.5ℓ／分であり、いずれも差は認められませんでした。

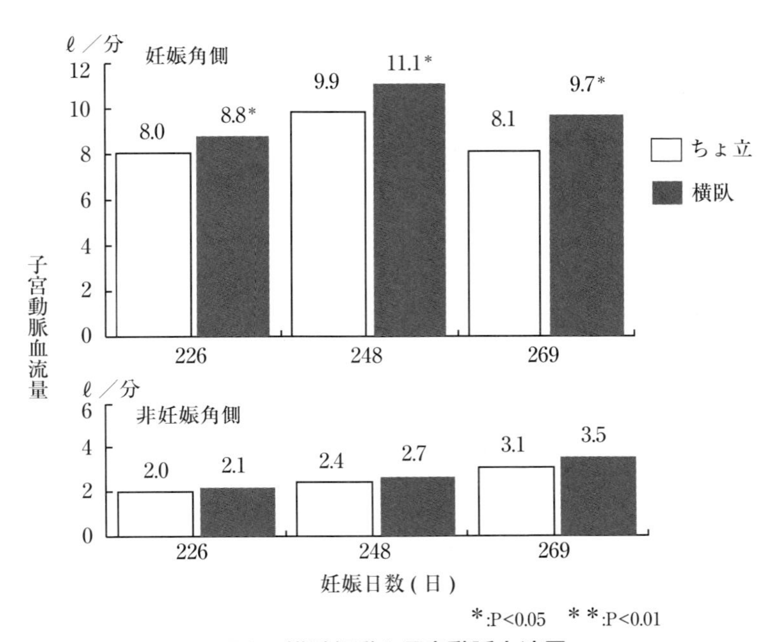

図2　横臥行動と子宮動脈血流量

分娩前８週間の妊娠牛横臥時に観察された妊娠子宮への血流量の増大は、この時期に著しい成長を遂げている胎子への栄養素と酸素の供給量を増加させます。

2）母体の栄養状態

母体から胎子へのグルコースの輸送は拡散によって行われるので、母体と胎子の血中のグルコース濃度の差が影響します（**図３**）。

母体の側の血中グルコース濃度が減少すると、濃度差が減少して、結果的に妊娠子宮への取り込み量が低下することになります。アミノ酸は、能動輸送で取り込まれるために、母体の血中アミノ酸濃度に影響を受けませんが、母体のエ

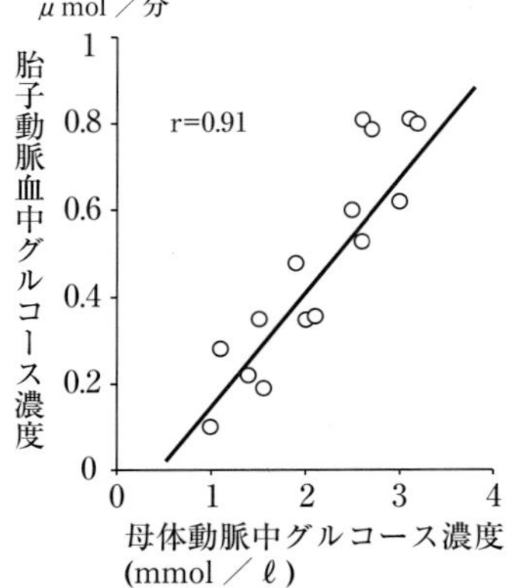

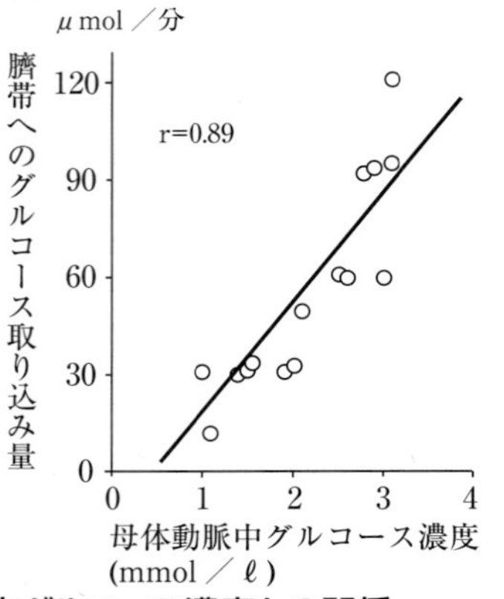

図3　妊娠末期ヒツジの母体動脈血中グルコース濃度との関係

ネルギー不足の状態が長く続くと、グルコース不足を補うために、エネルギー源としてアミノ酸を利用するようになり、タンパク質の合成や胎子組織の蓄積が犠牲となり、結果として、胎子の発育の遅れが起こる恐れがあります。

■妊娠末期における母体の生理状態

妊娠末期は分娩や泌乳に備えて、母体の内分泌環境が大きく変動します。妊娠末期から泌乳初期にかけて、血漿（けっしょう）中インスリン濃度は減少し、成長ホルモン濃度は上昇します。いずれのホルモンも、分娩時に大きなピークを示します。エストロジェン濃度は妊娠末期に上昇しますが、分娩時に速やかに減少します。プロジェステロン濃度は、妊娠の維持のために妊娠期間中は高い濃度で保たれていますが、分娩のおよそ２日前に急激に低下します。

妊娠末期における内分泌環境の変化や乾物摂取量の低下は、体脂肪からの脂肪や肝臓からのグリコーゲンの動員を促進します。血漿中遊離脂肪酸濃度は分娩前２～３週から分娩前２～３日の間、２倍かそれ以上の濃度に上昇し、さらにその後、分娩終了時までさらに高い濃度となります。

分娩日における遊離脂肪酸濃度の急激な上昇は、分娩に伴うストレスが原因であると考えられます。分娩後、遊離脂肪酸濃度は速やかに減少しますが、分娩前よりも高い濃度です。

■妊娠牛の乾物摂取量

１）NRC飼養標準（乳牛）の2001年版の乾物摂取量予測式

分娩前21日間の乾物摂取量（DMI）の予測式が示されています（**図４**）。

初産牛：DMI（体重％）＝1.71－0.69e0.35t

経産牛：DMI（体重％）＝1.97－0.75e0.16t

t：妊娠日数から280を引いた値

２）日本飼養標準（乳牛）の2006年版の乾物摂取量予測式

ホルスタイン種妊娠牛の、分娩前９週間における乾物摂取量の推定式を次に示しました。

乾乳牛のDMI（kg）＝ 0.017×W

分娩前の１週間は、次の式を用います。

乾乳牛のDMI（kg）＝ 0.016×W

W：体重（kg）

前記の乾物摂取量推定式はあくまでも特定の飼養条件下における推定であり、応用範囲は限られています。

◇　◇　◇　◇　◇

妊娠末期（乾乳期）の飼養方法は、特別な注意を払わない場合でも、極端な栄養不足に陥らない限り胎子は正常に成長します。妊娠維持に要する栄養素配分の優先順位は高いのです。分娩前は急激に妊娠子宮が増大し、消化

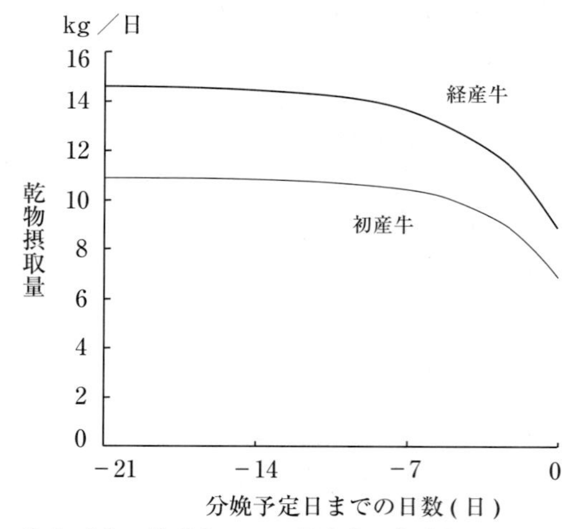

注）初産牛の体重を615kg、経産牛の体重を740kgとする

図4　ホルスタイン種妊娠牛の分娩前3週間の乾物摂取量

管を圧迫することでその容積を減少させ、飼料の摂取量が減少したり通過速度の増加による消化率低下が起きる恐れがあります。そのため、母体の蓄積養分の大部分が動員され、分娩後の母体が余力を残していないような状態になっている母牛がいる恐れがあります。このような牛は泌乳初期の乳量や発情回帰は期待できず、経済的損失は大きくなるものと予想されます。

今後は、妊娠末期の胎子への養分供給の適応制御機構がどのようなものか、何によって支配されているのかを理解し、泌乳初期の乳量や繁殖の高成績が期待されるような、妊娠末期（乾乳期）飼養管理を実践することが重要です。

【参考文献】

・Bell A.W.、1993. Quantitative aspects of ruminant digestion and metabolism. 405-432. CAB INTERNATIONAL. Wallingford、UK.

・Bell A.W.、1995.Regulation of organic nutrient metabolism during transition from late pregnancy to early lactation. J. Anim. Sci., 73:2804-2819.

・Bell A.W., R. Slepetis and R.A. Ehrhardt, 1995.Growth and accretion of energy and protein in the gravid uterus during late pregnancy in Holstein cows. J. Dairy Sci., 78:1954-1961.

・Bergman E.N.,1973. Glucose metabolism in ruminants as related to hypoglycemia and ketosis. Cornell Vet.,63:341-382.

・Bertics S.J.,R.R.Grummer,C. Cadorniga-valino and E.E. Stoddard,1992. Effect of prepartum dry matter intake on liver triglyceride concentration and early lactation. J. Dairy Sci.,75:1914-1922.

・Ferrell C.L., W.N. Garrett and N. Hinman, 1976. Growth, development and composition of the udder and gravid uterus of beef heifers during pregnancy.J.Anim. Sci., 42: 1477-1489.

・Fronk T.J., L.H. Schultz and A.R. Hardie, 1980. Effect of dry period overconditioning on subsequent metabolic disorders and performance of dairy cows. J. Dairy Sci.,63:1080-1090.

・Hay Jr. W.W., J.W. Sparks, R.B. Wilkening, G. Meschia and F.C. Battaglia, 1984. Fetal glucose uptake and utilization as functions of maternal glucose concentration. Am. J. Physiol.,246: E237-E242.

・Hayirli A., R.R. Grummer, E. Nordheim, P. Crump,2003.Models for predicting dry matter intake of Holsteins during the prefresh transition period. J. Dairy. Sci., 86:1771-1779.

・Jakobsen P.E., H.P. Sorensen and H. Larsen, 1957.Energy investigations as related to fetus formation in cattle. Acta Agr. Scand., 7:103-112.

・Meznarich H.K., W.W. Hay Jr., J.W. Sparks, G.Meschia and F.C.Battaglia,1987. Fructose disposal and oxidation rates in the ovine fetus.Q.J.Exp.Physiol.,72: 617-625.

・Moe P.W. and H.F.Tyrrell,1972. Metabolizable energy requirements of pregnant dairy cows.J.Dairy Sci.,55: 480-483.

・西田武弘、栗原光規、寺田文典、柴田正貴、胎子数および妊娠の進行が母牛の妊娠末期における飼料の消化管通過速度に及ぼす影響. 1998,日本畜産学会報,69:599-604.

・西田武弘、栗原光規、寺田文典、Agung Purnomoadi,柴田正貴、飼料の粗濃比が妊娠末期の乾乳牛の乾物摂取量に及ぼす影響,1999, 日本畜産学会報,70:114-118.

・Nishida T.,S.Ando,M.R.Islam, Y.Nagao and M.Ishida,2001. Establishment of a simple method for measurement of chronic blood flow in uterine artery of pregnant cows.J.Dairy Sci.,84:1621-1626.

・Nishida T.,K.Hosoda,H.Matsuyama,M. Ishida, 2004.Effect of lying behavior on uterine blood flow in cows during the third trimester of gestation, J.Dairy Sci.,87: 2388-2392.

・Nishida T.,K.Hosoda,H.Matsuyama,M. Ishida,2006. Collateral uterine blood flow in Horstein cows during the third trimester of pregnancy.,J.Reprod. Dev., 52: 663-668.

・農林水産技術会議事務局,2006.日本飼養標準乳牛(2006年版).中央畜産会.東京.

・Reynolds L.P.,C.L.Ferrell,D.A. Robertson and S.P.Ford,1986. Metabolism of the gravid uterus,foetus and utero-placenta at several stages of gestation in cows.J. Agric. Sci.,Camb.,106:437-444.

・Stacey T.E.,A.P.Weedon, C. Haworth, R.H.T. Ward and R.D.H.Boyd,1978.Fetomaternal transfer of glucose analogues by sheep placenta.Am.J.Physiol.,234:E32-E37.

周産期疾病の予防

第Ⅱ章

2　栄養・飼料・飼養管理のポイント

渡邊　徹

周産期の重要性は酪農雑誌や講演などで耳にタコができるくらいお聞きのことと思いますが、それでも大半の酪農家できちんと理解されていないのが現状です。なぜなら、技術の進歩により情報が非常に多くなり、酪農家が情報を整理できず混乱していること、さらに乳牛の改良が進み、従前の技術では対応できなくなっていることが挙げられ、以前と乳牛の反応が異なることに酪農家が戸惑っていると思われます。

分娩後、飼料の食い込みが良ければ乳量も多く、さらに繁殖成績も良くなり酪農経営は順調になります。ですから、酪農経営を改善・安定させるには、分娩後の飼料の食い込みを良くすることを心掛けなければなりません。しかし乳牛が飼料を食べなくなる原因は非常に多く、それを全て取り除く必要があり、周産期にはその要因も増加するのでさらに大変です。

しかし重要ポイントをしっかり押さえておけば、かなりの部分を改善できます。本稿ではその要点を簡略に述べていきます。

■低カル、ケトーシス、第四胃変位の連鎖

分娩後は、牛が必要な栄養量に摂取栄養量が追い付かないため栄養不足（いわゆるマイナスエネルギー状態）となり、体に蓄えた栄養（体脂肪）を動員して補おうとしますが、体脂肪の動員が多くなると脂肪肝になり、その後ケトーシスに進むと採食量の低下とともに栄養不足がさらに進むという悪循環に陥ります。しかも、肝臓はカルシウム（Ca）の吸収にも関与しているので、肝機能の低下とCa不足に拍車がかかり低Ca状態を引き起こし、飼料摂取量が低下するなど、さらなる栄養不足となり、揚げ句の果てには第四胃変位になってしまいます（**図１**）。第四胃変位になった場合は低Caとケトーシスを引き起こしているので、手術後にはCaの給与とケトーシス対策が欠かせません。このように、分娩前後は肝機能の低下とCa不足を起こさないことが、周産期病を乗り切る重要な要素となります。今回はその２点に絞り対策を述べます。

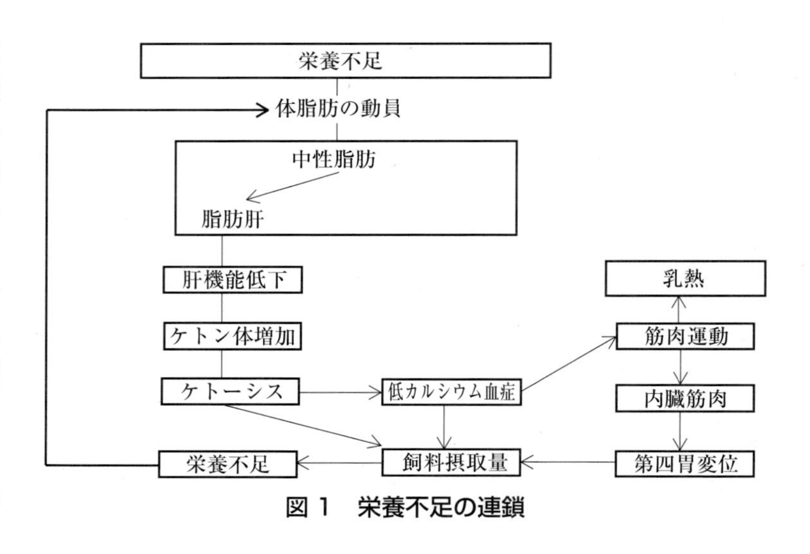

図１　栄養不足の連鎖

■低カルシウム発症の仕組みと予防対策

１）発症の原因

分娩直前、直後に血中のCa濃度が低下する原因は、**図２**に示すようにほとんど生理的なものと考えられます。分娩後３～４日目以降に起こる場合は、泌乳によるCaの流失を補えていないことが理由で乳量が多い、飼料からの摂取量が少ない、骨などからの供給が十分でないことが考えられます。

特に経産牛で前産に泌乳量が多かった場合は、骨などでのCa蓄積量が非常に少なくなっており、飼料中の給与量が少ない場合は骨か

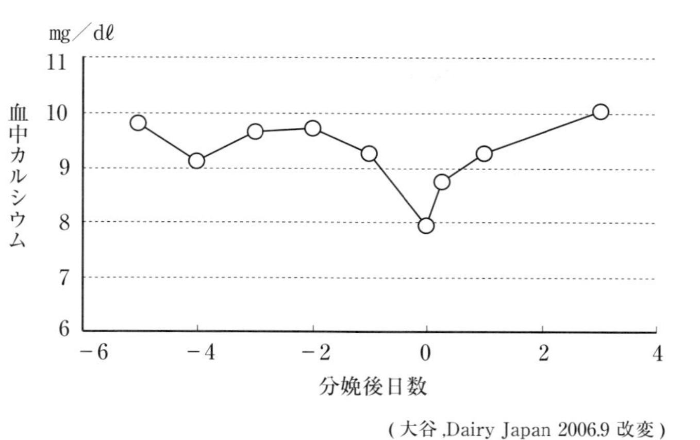

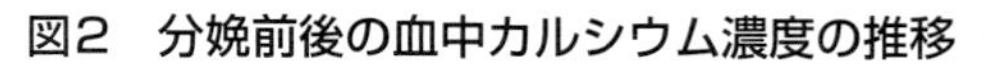
図2　分娩前後の血中カルシウム濃度の推移

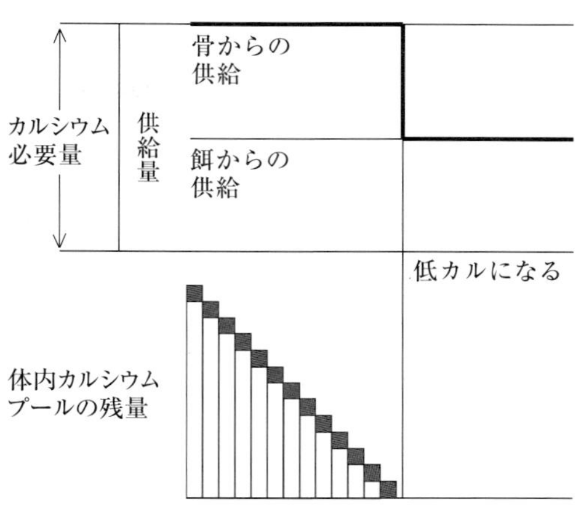

図3　低カルシウム症状の発生イメージ

らの供給機能がまだ十分ではないため、低Ca症状を発症することとなります。

泌乳中・後期などに低Ca症状に陥る場合は、泌乳前期で高乳量だった牛ではCa消費量が多く骨の蓄積量を使い切り、骨からの供給がなくなるため、飼料からのCa給与不足と相まって発症すると思います。

また、このような低Ca症状は突然起こるのが特徴的です。体内に不足するCaを充足しようと蓄積されているCaが利用され、毎日少しずつ蓄積量は減少しますが(**図3**)、血中Ca濃度は餌からのCa供給と蓄積されたCaの放出で必要量が確保され続けているので低Ca症状を示していません。しかし、蓄積量がなくなった途端、飼料からの供給量だけになってしまい、いきなり発症するのではないかと考えられます。このような作用機序であれば、蓄積がなくなると同時に低Ca症状はいつでも起こり得ることが理解できます。

また、Caの調節にはストレスが大きく影響します。高乳量の牛ほどストレスが大きいためCa吸収率が低下し、飼料計算通り給与されていても低Ca症状を示す場合があります。さらに急激に気温が上昇し暑熱の影響を受けたときにはストレスが急に高まり(寒冷の場合も同様)、Caの吸収に関与しているビタミンD活性が低下し、飼料からのCa吸収量が急に低下し、低Ca症状を起こすことも懸念されます。

一方、最近、血中Ca濃度が10mg／dℓ以上の十分高い状況で低Ca症状を示す牛たちが多くなっています。Caといっても、実際に筋肉を動かすのに必要なCaはイオン化されたCaです。筆者らは分娩前後や高乳量時の血中Ca濃度とイオン化率を測定し、その原因を調査しました。その結果、血中のCa濃度が高い場合であっても、イオン化率が低い(40％以下)場合、低Ca症状を示しており(未発表)、血液検査のCa濃度(これはトータルのCaを現している)だけで安心してはいけないことになります。

2)カルシウムとリンとの関係

また、Caはリンと非常に関係が深く、体内のリンの多少により低Ca症状になることがしばしばあります。特に、最近は配合飼料のリン濃度がかなり高くなっているので注意が必要です。

Caは過剰に摂取されると骨に蓄積されますが、そのときリン酸Caという形で蓄積されますので、リンが不足するとCaがあっても骨に蓄積されず排せつされてしまいます。せっかく吸収したCaがリン不足により捨てられて低Caを起こす原因となります。さらに骨にCaが蓄積されないのですから、当然のことながら骨が弱くなります。

リンが過剰な場合は尿として排出されますが、このときリンは単独で排出されるのではなく、リン酸Caという形で排出されます。ですからリンが過剰の時はCaも一緒に排出されるので、もともと少ないCaがさらに少なくなって低Caが起こる可能性が非常に高くなります。また、リン過剰の場合はCaの吸収に関係している活性化ビタミンDの合成を阻害することが分かっており、Caが吸収されにくくなるため、低Ca症状を一層起こしやすくなります。

またCa吸収量が少なく、骨からCaが出てくるときもリン酸Caという形で出てきますので、骨からCaがたくさん出てくるようなときにはCaは利用され少なくなり、体内でリンだけが残るため、血液中のリン濃度が上昇しリン過剰と同じような現象が起こります。

実際、血中Ca濃度が十分であっても、リン濃度が高い場合に低Ca症状を示す事例をいくつか確認しており、リン酸Ca(例えば第2リンカル)だけによるCa給与方法の再検討を強く感じています。このようなリン過剰の場合はCaを多く給与してもすぐにリン酸Caとして排出されてしまうので、なかなか低カル症状の改善につながりません。

乳牛の血液中のCaとリンの比率は2：1が適正といわれ(10：6との報告もあります。)、Caだけの濃度も重要ですがリンとのバランスも非常に重要です。

最近の乳牛の測定データを見るとリンの濃度が6mg／dℓを超えているものが非常に多く

表　最近の血中のカルシウムとリンの濃度

乳期	カルシウム (mg／dℓ)	リン (mg／dℓ)	マグネシウム (mg／dℓ)	BUN (mg／dℓ)	Ca／iP※
泌乳初期	9.5	5.9	2.4	10.3	1.6
泌乳中期	9.6	6.5	2.5	13.1	1.5
泌乳末期	9.2	6.2	2.4	11.3	1.5
乾乳期	9.6	6.7	2.4	8.1	1.4

※カルシウムとリンの比率

見られ、Caとのバランスでリン過剰になっている現状が多く見られます(**表**)。

3)低カルシウム症状の進化

骨から血液中へCaを供給するスイッチは脳の上皮小体という所にあるPTH(パラトルモン)と考えられており、PTHが十分分泌されるような状況になっていないと骨からCaの供給は起こりません。

PTHは血中のCa濃度が低下すると分泌されるため、一昔前では分娩前2週間ほど飼料中のCa給与を極力抑え人為的にCa飢餓状態をつくり出し、PTHを分泌させるやり方が勧められていました。また、DCAD剤を使ってPTHを分泌させる方法も行われていました。しかし最近ではCaの給与不足や高乳量による骨からのCa流出により、骨自体に貯蓄がほとんどない場合が多く、PTHを活性化させても肝心のCaが骨から出てこないという現実があります。Caをしっかり給与し吸収させるようにしなければ、最近の高泌乳牛は飼い切ることはできません。

4)カルシウムの吸収

Caの吸収は小腸で行われますが、活性化ビタミンDが腸管の上皮細胞にないと吸収されません。活性化ビタミンDはビタミンDが体内で変化して産生されます(**図4**)。牛がストレスを感じるような状態では、副腎皮質から抗ストレスホルモンとしてコルチゾールが分泌されPTHの分泌を阻害し、ビタミンDの活性化を妨げる働きがあり、小腸におけるCaの吸収を低下させます。

また、ビタミンDは肝臓で一度変化し、さらに腎臓でPTHの作用で活性化ビタミンDに変換されるので、脂肪肝などで肝機能が低下している場合は、活性化ビタミンDの産生が激減することとなります。

このため、ストレスでコルチゾールが多く

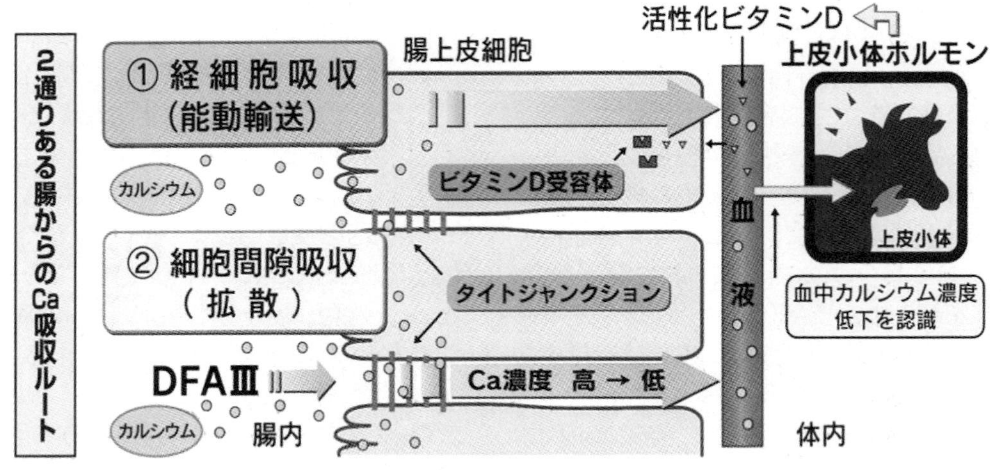

図4　カルシウムの吸収経路(佐藤、大谷　2007)

分泌されるような状況や脂肪肝である場合は、いくらCaとビタミンDを給与しても活性化ビタミンDが産生されず、Caが吸収されにくいため、牛は低Ca症状を示し、飼料摂取量が低下します。特に分娩時や高泌乳時においては、Caの必要量が増加している上に大きなストレスにさらされており、吸収率も低下しているとなれば、なおさら注意が必要です。

ですから、カウコンフォートが実現できているストレスの少ない牛群と、カウコンフォートが実現していないストレスの多い牛群ではCaの要求量がかなり異なっていることを理解していなければなりません。

特に、繁殖成績の悪い酪農家は牛にストレスをかけていることが多く、栄養不足から脂肪肝にもなっているので、Caは飼料計算よりかなり多く与える必要があります。

筆者は最近では炭カルで300～400g程度給与するよう助言しています。配合飼料や粗飼料にももちろんCaは含まれていますが、吸収率が落ちていることを考えればそれぐらい必要です。

一方、活性化ビタミンDに頼らないCa吸収ルートが発見されました(佐藤ら、2007)。これは小腸の上皮細胞と上皮細胞の間で物質の移動を制限しているタイトジャンクションと呼ばれる部分の結合を弱め、小腸の上皮細胞を介さずCaの濃度勾配で直接血管内に移行させようとするものです。活性化ビタミンDと全く異なる作用で血中Ca濃度を高めるため、ストレスに関係なく血液中のCa濃度を上げることができ、分娩時などストレス下にある牛のCa吸収には最適です。

また最近、活性化ビタミンDそのものを製品化したものも販売されているので、分娩時に使用すると効果的です。

５）周産期における低カルシウム症状

周産期における低Ca症状の最も顕著な例は採食量の低下です。乾乳期に採食量が低下すると、ルーメンづくりができませんし、分娩後に思うような採食量を確保できない場合は、栄養不足となることから脂肪肝となり、乳生産性が低下します。

分娩直前に採食量が低下することは知られていますが、これは図２に示すように生理的にCaが低下することによるものです。しかし、最近では１週間前や10日前、早いものなら20日も前から採食量が低下する事例が見られます。これは明らかに貯蔵しているCaがなくなったために起こる現状です。ですから、このような時期に採食量の低下が起こった場合は、貯蔵Caがなくなったと考え、Caをかなり多量に給与しなければなりません。

また、このような状況では採食量が回復しても、貯蔵Caはほとんどない状況ですから、今後いつでも発症することを覚悟していなくてはなりません。

Caは血液中でイオン化し、イオン化Caが筋肉を動かす働きをしています。分娩前後にCa濃度が低下し、イオン化Caも低下すると筋肉も動きにくくなるため、子宮の筋肉の動きが弱くなり、難産になったり、後産停滞を起こしたりします。このため、分娩前後は特にCaの給与に気を付け、陣痛が始まった時点で吸収の早い液体Caを与え陣痛を強くするとともに、分娩後にもCaを給与することで後産排出を促します。この分娩前後のCa給与で後産停滞はほぼ解消できます。

逆に、後産停滞するようでは低Ca症状といえ、分娩後のCa管理が非常に難しくなります。

６）低カルシウム症状への対策

最近の低Ca症状は今までわれわれが学んできたことと大きく変化しているので、新たな対応が必要です。乳牛の飼料摂取量を確保し、ケトーシスや第四胃変位などのいわゆる周産期病を発症させないためにも、低Ca症状を防ぐことが必要となります。

乳牛が必要とするCa量を適正に供給するには、❶牛の体内でのCaの出入りや流れ❷牛の小腸におけるCaの吸収❸飼料に含まれるCaの量❹吸収までに必要な時間(Caの形態によって吸収時間が異なる)―などをしっかり理解した上で、給与する必要があります。

そして、❶牛の体内でCa量は常に変動している❷分娩時以外にもCaの状態に気を付ける❸Caの必要量を把握して、充足させるだけでなく、蓄積させることも忘れない❹産歴を増すごとに、低Ca症状の危険度は上がる❺飼料やCa剤によってCa含量や吸収される速度が違う❻Caが吸収されるタイミングに合わせて飼料を給与する（ルーメンの筋肉が動いている間に飼料を給与する）❼Caの吸収を阻害したり、食欲低下を防ぐためにストレスを与えないようにする❽Ca吸収ルートの違いを理解して、状況に合わせ使い分ける❾観察により早め早めにチェックする—など、きめ細やかな注意を払って管理する必要があります。

■肝臓の働きと重要性

肝臓には主に、❶栄養分を分解、合成、貯蔵する働き（糖を合成する唯一の器官）❷毒素を解毒する働き❸ホルモンを分泌する働き❹免疫機能❺Caの吸収に関与する働き—などがあります。こうした肝臓の働きを生産に関して考えてみると、栄養の供給や蓄積は乳成分（乳脂率、乳タンパク質率、無脂固形分率、乳糖、MUN＝乳中尿素態窒素）や周産期病（ケトーシス）に影響を与え、さらに卵子の質、ホルモンへの影響と併せ、繁殖にも関係しています。

また、解毒作用はカビ毒などの毒素の解毒やルーメン壁から吸収されたアンモニアを尿素に合成することなどに関係し、免疫機能は病気の発生や予防に関係し特に、体細胞数に関係する乳房炎の発症に大きく関与します。

周産期、特に分娩の直前直後には肝臓に非常に負担が掛かり、注意が必要です。牛は分娩直前に乾物摂取量（DMI）が低下することが知られており、乾物摂取量が減ると牛は栄養不足となり体脂肪を動員し始めます。そうなると血液中の遊離脂肪酸（NEFA）が多くなるため、肝臓がそれらを取り込むようになり、脂肪肝になっていきます。

図5はDMIとNEFAの関係を示したもので、分娩前日にDMIが急激に低下するとともに、NEFAが急激に上昇することを示しています。**図6**は移行期に肝臓に取り込まれるNEFAの量を示したもので、分娩日に肝臓に取り込まれるNEFAが急増し、以後減少はしているものの約1カ月の間はかなり高いレベルで肝臓に脂肪が取り込まれ、図6に示されたDMIの低下に伴うNEFA濃度の増加とよく一致しています。特に分娩日には1日当たり1,300gもの脂肪が肝臓に取り込まれ、分娩日だけであっという間に脂肪肝になることを示しています。脂肪肝になるとケトーシスを併発するなど乳牛の生産性は非常に低下するので、脂肪肝にならないよう、肝臓に脂肪がたまっても肝臓の脂肪を排せつするための添加剤を給与しなければなりません。

肝臓から脂肪を排出するにはリポタンパク質という形で排出しなければなりません。リポタンパク質とは脂質とタンパク質が結合したもので、肝臓から筋肉などの末梢（まっしょう）に脂質を供給する役目を持っています。つまり、肝臓の脂肪を排出するには脂肪と結合できるタンパク質（アミノ酸）の給与が必要ということになります（**図7**）。

少々難しい話になりますが、タンパク質はメチル基を持った栄養素であり、リポタンパク質をつくるには脂質と結合するメチル基の供給が必要で、メチオニンやコリン、コリンの代謝産物であるトリメチルグリシン（ベタイン）などが主に利用されます。また、リポタンパク質の合成には補酵素としてビタミンB群

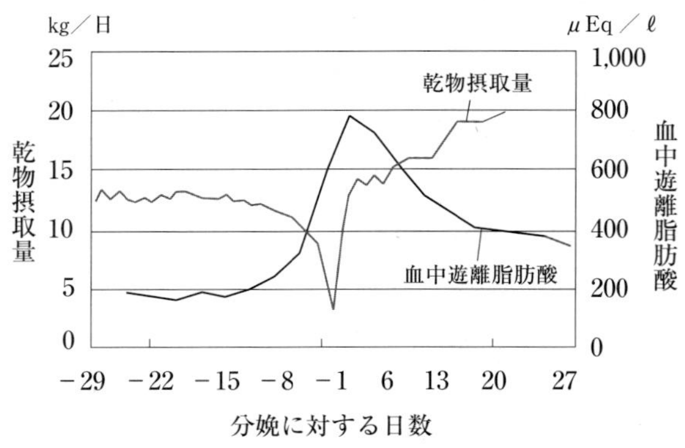

図5　乾物摂取量と血中遊離脂肪酸（T.R.Overton ,2006）

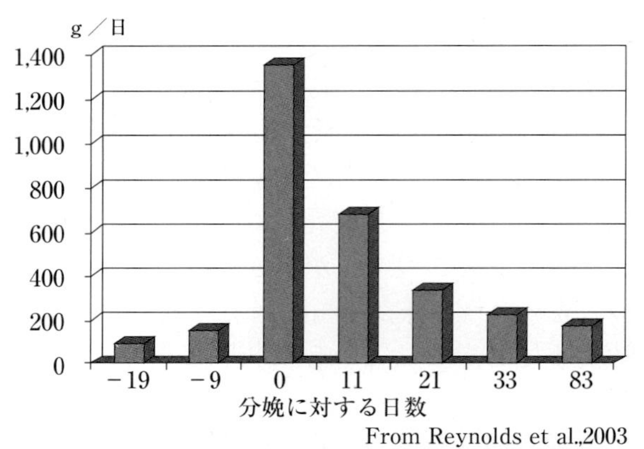

図6　移行期に肝臓に取り込まれる遊離脂肪酸（T.R.Overton ,2006）

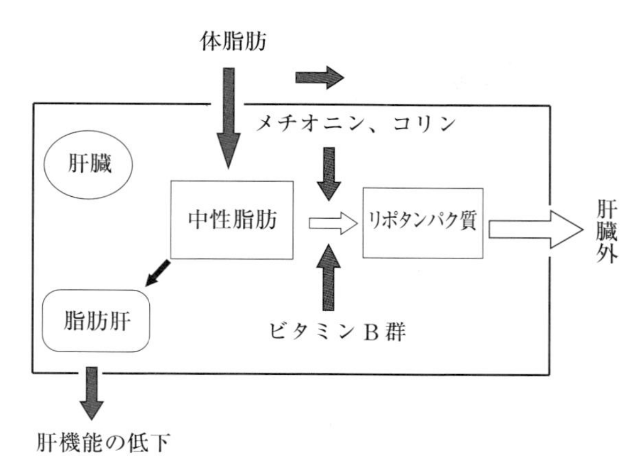

図７　肝臓からの脂肪排出

が必要でメチオニン、コリンやベタインの供給と併せて給与することで肝臓から脂肪が排出されていきます。添加剤はコリンだけのものよりビタミンB群も入っているものを利用すべきでしょう。

脂肪肝を防ぐことはケトーシスにならないだけでなく、Caの吸収も良くなるため低Caを防ぐことにもなり一石二鳥です。さらに繁殖における改善効率も抜群で、コリンやベタイン、ビタミンＢ群を同時に給与すると、卵子の正常卵率が大きく向上し、受精卵の採卵などでは90％を超えるケースも多く見られています。

■周産期の飼養管理の注意点

周産期を乗り切り、順調に生乳生産を行うにはCaや肝臓に注意を払うだけではなく、分娩前の乳牛管理や飼料給与にも注意が必要です。分娩時に起こる不都合な各種の要因を取り除くには、❶太らさない（脂肪肝にしない）❷血液中のCaの確保❸ストレスを除く❹分娩後に飼料を十分食い込めるルーメンづくり―が必要です。

特にストレスを取り除くことが重要で、暑熱や寒冷対策などカウコンフォートはもちろん、牛の移動のタイミングも大きな要素です。つなぎ牛舎ではつなぐ場所や分娩房への移動のタイミングで飼料摂取量が大きく変わることがありますし、フリーストール牛舎などでは群分けや新しい牛群に入れるタイミングで飼料摂取量が変わるので、注意しなければなりません。

また、食い込めるルーメンづくりでは乾乳期に粗飼料を十分給与し、体積を大きくすることと併せて、分娩後の高濃度飼料給与に備えルーメンの絨毛（じゅうもう）を十分伸張させることも重要です。このため、クロースアップ期で穀類を給与しますが、この方法を間違えると絨毛は十分発達しません。絨毛はでん粉がルーメンで分解されて産生されるプロピオン酸のルーメン中の濃度が高いほど伸張します。この時期の穀類の給与はプロピオン酸濃度を高めるため、粗飼料を給与する前に給与しなければなりません。

乳牛では粗飼料を給与した後に濃厚飼料を給与することが一般的ですが、この時期だけは給与の順序を反対にしないといけないので注意してください。

もうけを増やし酪農経営を安定させるには、難しい技術を取り入れる必要はなく、最近の乳牛に応じた生理や栄養状態に適した飼養管理を行わなければなりません。やるべきことを手抜きせず、手順通り実行することが重要です。

周産期疾病の予防

第Ⅱ章

3　事例　乳熱をはじめとした周産期疾病予防の実践

尾矢　智志

筆者が勤める診療所のある北海道空知地方は北海道の中でも有数の稲作地帯であり、農業産出額において畜産の割合は全体の1割ぐらいしかありません。また畜産農家の占める割合も小さく、勉強会など生産者間の交流機会が少ないのが現状です。そのため予防に対する技術力が低く、疾病が多発しています。診療所としても治療中心となってしまい、疾病予防対策をするまで行き届いていませんでした。

■乳熱による生産性の低下

分娩後の血中カルシウム濃度が低下する乳熱は、起立不能のほかにさまざまな影響を及ぼします。カルシウムは筋肉の運動に密接な関連があり、血中カルシウム濃度の低下は筋肉の運動性を低下させます(**図1**)。消化管の運動性の低下は採食量の減少により乳量が低下するほか、負のエネルギーバランスを生じケトーシス、脂肪肝の発症リスクを高めます。また第一胃容積の減少による第四胃変位の発症リスクも高まります。

子宮の収縮力の低下は難産や胎盤停滞を生じやすく、子宮内膜炎や産褥(さんじょく)熱の引き金となり分娩後の繁殖に影響します。乳頭括約筋の収縮の低下は乳房内への細菌感染を起こしやすくなり乳房炎を発症、そのため廃棄乳が増加します。

乳熱が発症すると治療費の増加、寝返りや給水などの管理労力を費やし生産者に肉体・精神的に大きく負担を掛けます。さらに起立不能による廃用のリスクも高まります。治療後も周産期病の引き金となって生産性の低下や繁殖成績を悪化させます。そのため、いかに乳熱を発生させない飼養管理を目指すかが重要です。

次から、関係機関と連携した飼養管理指導により乳熱をはじめ、周産期病が大幅に減少、さらに乳質や繁殖が改善した事例を報告します。

■飼養管理指導の概要

2013年11月からコーンサイレージ主体TMRを給与しているタイストール飼養、搾乳牛80頭規模、1頭当たり年間乳量1万0,600kgの酪農家で指導を実施しました。この酪農

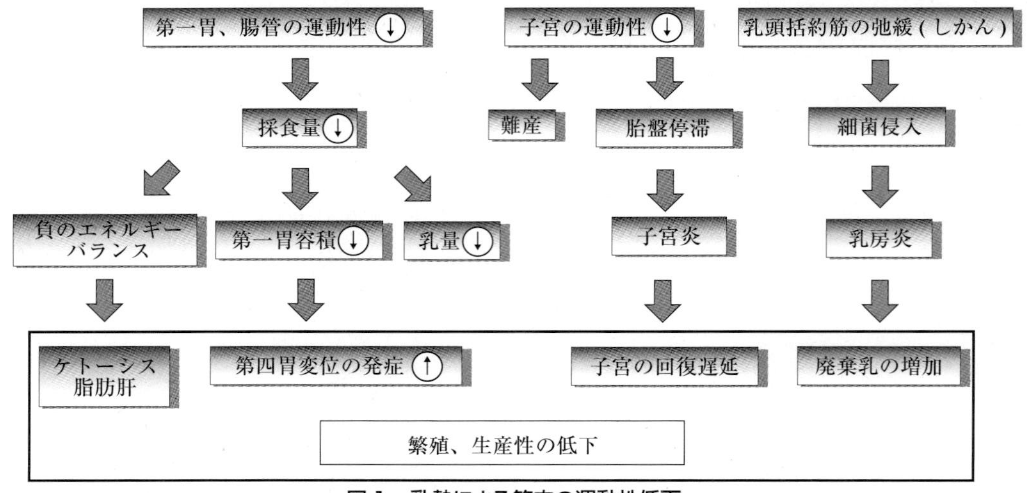

図1　乳熱による筋肉の運動性低下

写真1　生産者と問題点や改善点を検討

写真2　給与しているサイレージの状況を確認

家は分娩後の診療依頼が多く、特に乳熱が多発していました。乳熱のほかにケトーシスや第四胃変位などの周産期病も多く、乳熱からの起立不能が原因の筋損傷や股関節脱臼による個体廃用で損失が多く、問題としていました。また選択採食による肢蹄病も見られ、生産性を低下させていました。

筆者が疾病関係を、雪印種苗㈱の松村佳伸氏が飼料関係を、そして空知農業改良普及センター所長の田中義春氏（当時）が飼養管理および全体を統括して指導を行いました。

飼養管理指導として毎月１回現場へ出向き、生産者を交えて餌の品質の確認、ウオーターカップの汚れ具合や牛床などの施設について、また飛節や蹄冠の腫れ具合、ボディーコンディションスコアによる過肥牛の摘発、ルーメンフィルスコアを用いた採食量のチェックなど、毎回３～５項目を現場で確認し酪農家へ助言しました。また乳検成績や疾病の発症状況、繁殖成績を確認しました（**写真１、２**）。

■主な問題点と改善点

指導を通して周産期病、肢蹄病が多発する原因について飼養管理上の問題点が３つ考えられました。これらに対し改善点を検討し酪農家に速やかに実践してもらいました。

【問題点】

①乾乳牛と泌乳牛の飼料給与は独自に行っていたため周産期病が多発していた

②粗飼料の品質がバラつき、またTMRのミキシングが不適切で選択採食が激しかった

③飼槽前のバーが牛の寝起きを妨げていたため肢蹄病の発生が多かった

【改善点】

①について

乾乳前期と後期を牛舎内で移動し、明確に群分けをしました。また飼料設計も見直しました。指導前は乾乳牛、泌乳牛全てに同一メニューのTMRを給与していました。指導後は乾乳前期までは泌乳期用のTMRを給与、乾乳後期からは良質な乾草と**表１**に示したようにカルシウムおよびカリウムをコントロールした別メニューのTMRを調製し給与しました。また分娩予定14日前に胎盤停滞予防としてビタミンE、セレン複合剤（ESE）を、分娩予定７日前に乳熱予防としてビタミンD_3を投与しました。さらに次の分娩に備えて泌乳期のカルシウム給与を増やし、骨への蓄積を促しました（**図２**）。

表1　乾乳後期における飼料メニューの変更

	指導前	指導後
TMR 原物給与量（kg）	37	37
乾物給与量（kg）	15	15
配合飼料（kg）	泌乳期用 5	乾乳期用 4
カルシウム添加（g）	150	0
カルシウム濃度（%）	0.91	0.37
カリウム濃度（%）	1.10	0.98

②について

飼料の選択採食が見受けられたため、ふるいを使って実態を明らかにしました。選び食

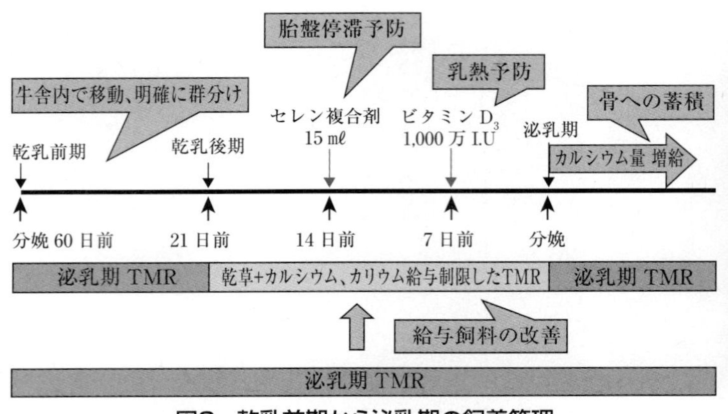

図2　乾乳前期から泌乳期の飼養管理

写真3　ふるいを使い選択採食の実態を調べる

スムーズな寝起きによる肢蹄への負担を軽減

写真4　バーの移動によるストールの改善

いが激しかったので、濃厚飼料をペレットからマッシュへ変更、ミキサの刃を交換してミキシング時間を短縮しました。また、採食量を増加させるためにタイミングの良い餌の掃き寄せを徹底しました（**写真3**）。

③**について**

改善前は**写真4**（左）のように、3本バーの一番下が寝起きの自由度を妨げ、肢蹄に負担を掛けていました。そこで一番下のバーを上に上げ、写真4（右）のように牛の前方にスペースをつくり、寝起きの自由度を高めました。泌乳牛、乾乳牛の全ての牛に対応するようにしました。

■指導による成果

指導前の12年1～12月および13年1～12月と指導後の14年1～12月（以下、H26）を評価しました。**表2**は周産期病（乳熱、ケトーシス、第四胃変位、胎盤停滞、産褥熱）と乳熱の発症率を示しました。周産期病は指導前と比較して指導後で有意な減少が認められました。1カ月当たりの診療件数も指導前の約3回から1.8回まで激減しました。

周産期病ごとの発症頭数と分娩後3週間以内の死廃頭数を**図3**に示しました。今まで多発していた乳熱やケトーシスが指導により有意に減少、他の周産期病や分娩後3週間以内の死廃も減少しました。

表2　周産期病と乳熱の発症率

	2012	13	14
分娩頭数（頭）	78	66	80
平均産次（産）	2.8	3.1	2.9
周産期病（%）	48.7 c	65.2 a	27.5 b
乳熱（%）	25.6 a	28.8 a	6.3 b
1カ月当たり診察件数（回）	3.2	3.6	1.8

a,b（P<0.01）、b,c（P<0.05）

注）NOSAI死廃、病傷データ。周産期病は乳熱、第四胃変位、胎盤停滞、産褥熱、ケトーシス

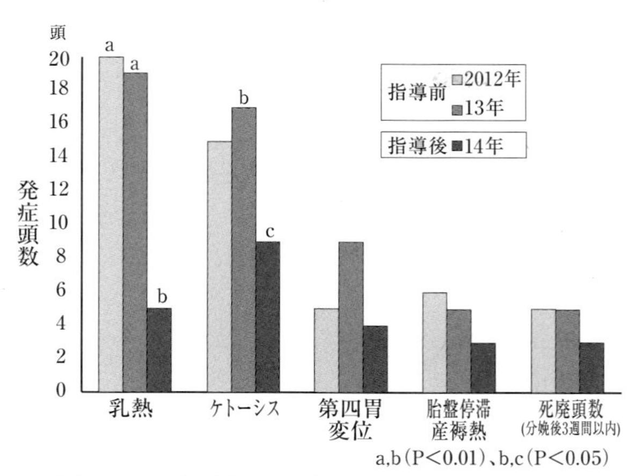

注)NOSAI死廃、病傷データ。併発による重複あり

図3　周産期病の発症頭数と死廃頭数

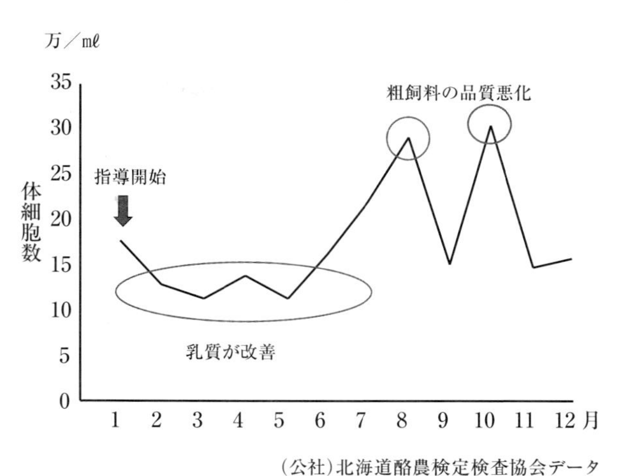

(公社)北海道酪農検定検査協会データ

図4　指導後の体細胞数の推移

表3　繁殖成績

	2012	13	14
授精延べ頭数(頭)	198	177	176
初回授精日数(日)	74	76	68
授精回数(回)	2.4	2.6	2.2
分娩間隔(日)(妊娠頭数)	465 (66)	416 (60)	399 (35)
初回受胎率(%)	19	30	14

(公社)北海度酪農検定検査協会データ

表4　費用と経済効果

経費	項目	金額
	施設改修	10万円
	乾乳後期配合飼料(差額)	7万円
	薬品代(セレン複合剤、ビタミンD_3)	10万円
	カルシウム増量分	23万円
		合計50万円

分娩間隔の短縮
440日(指導前)−400日(指導後)=40日
例　空胎日数1日延長 1頭当たり　1,200円(北海道NOSAI試算 1991)
1,200円×40日×75頭=360万円

360万円−50万円=310万円の効果

図４は指導後の体細胞の推移を示しました。８月および10月にサイレージの発酵不良による粗飼料の品質悪化が見られました。そのため乳質が一時的に悪化してしまいました。しかし、生産者や筆者らは指導により乳質が改善されたと強い認識を持っていました。

表３は繁殖成績を示しました。初回授精日数および分娩間隔が短縮しました。また、授精回数は指導前と比較して減少しました。

表４は今回の飼養管理改善にかかった経費と経済効果です。バーの移動、乾乳後期の配合飼料変更の差額、ビタミン剤、泌乳期のカルシウム増量分を合わせて50万円ほどかかりましたが、生産者は「ホルスタイン初妊牛１頭購入する金額で病気が減り、牛の更新する費用が減ったので決して高くない。繁殖成績が改善され、空胎日数の短縮も見られたので経済効果は絶大だ」と絶賛していました。また「腰抜けがなくなった」「胎盤が早く出た」「選び食いが減った」「肢の腫れが少なくなった」「寝起きがスムーズになった」「発情兆候が明瞭になった」など、十分な成果が表れました。

治療牛の管理が減り、肢蹄病の治療も減少し乳質も良くなり繁殖が改善したため、生産者の精神的、肉体的負担が大きく軽減されました。

■周産期病は治療から予防へ

関係機関と連携して多方面からアプローチをすることで、より踏み込んだ飼養管理の改善が可能になりました。乾乳期の管理や餌、施設を見直すことで乳熱をはじめとした周産期病や肢蹄病を大幅に減少することができました。周産期病の減少はストレスが軽減しエネルギーバランスが正常に保たれたためで、生殖器の回復が早まり初回授精日数や分娩間隔が短縮、授精回数が減少しました。

また、抗病力が増加し乳質改善へつながったと推察されました。選択採食の減少、施設の改善によるスムーズな寝起きは肢蹄病の減少に効果がありました。

投資を要する新しい機材や資金の導入をせず「今、できることをどこまでやるか」を生産者と検討して実践しました。その結果、生産者の意識改革を引き起こし、さらなる改善意欲を高めました。指導を開始して１年以上経過しましたが、「治療から予防へ」と軸足を移した飼養管理指導が周産期病低減や繁殖改善に有効でした。

今回の成果を基に、現在も他の酪農家で乾乳期の飼養管理の見直しによる周産期病予防対策を行っています。当初の支援メンバーの松村氏は異動しましたが、年に数回は３人で飲食を共にしながら情報交換、楽しいひとときを過ごしています。

【共同支援者】
雪印種苗㈱　松村　佳伸／空知農業改良普及センター所長
田中　義春（現・㈳北海道酪農検定検査協会参与）

第Ⅲ章

乳房炎の予防

乳房炎の予防

第Ⅲ章 1 搾乳手順と牛舎環境、搾乳機器の点検

今吉　正登

■搾乳には手技が必要

毎日の搾乳によって乳頭は、うっ血を繰り返し筋肉内の毛細血管の流れが悪くなり少しずつ角質化していきます。搾乳者が手順を理解し、泌乳の生理に沿った搾乳をすることで「乳頭にやさしい搾乳」ができます。筆者は、これを「搾乳手技(しゅぎ)」と呼んでいますが、正しい手技(てわざ)で過搾乳を防止し乳房炎を防ぎましょう。

過搾乳を防止することは、ミルカを外すタイミングを早くすることと思われがちですが、ラクトコーダ(注1)で搾乳中の測定をしてみると、前搾り不足による刺激不足がオキシトシンの放出を遅らせ、搾乳直後の過搾乳が起こることが分かりました。ラクトコーダでは、刺激不足を「バイモダリティ」(以下、BIMO)と呼んでいます。

図１はBIMOの典型的な泌乳グラフですが、ミルカを装着したことが刺激となり流速が再び上昇していることが分かります。搾乳直後の過搾乳を防止するためには、しっかりと前搾りで乳頭刺激を与え、素早くミルカを装着することです。

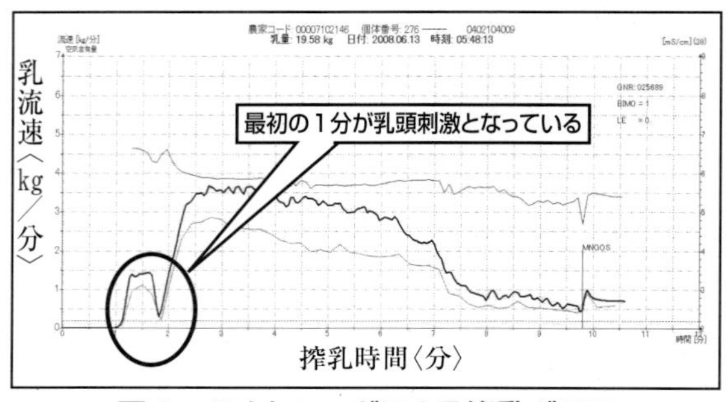

図１　ラクトコーダによる泌乳グラフ

(注1)スイスのWMB社が開発した電子ミルクメータ

また、ラクトコーダで検定すると、牛群全体の乳頭刺激が不足している割合(%)が集計できます。筆者が立会する検定農家では、計測当初は牛群の40%が刺激不足でしたが、手技を理解した現在は５%未満に改善されました。BIMOの発現率を減少させることで搾乳時間が短縮できた例もあります。

前搾りは異物の発見や汚れた乳を捨てるだけではありません。牛が搾乳を開始するための合図なのです。合図の目安は乳頭の膨らみです。泌乳最盛期では１～３回の前搾りで乳頭が膨らんできますが、泌乳中後期では５回程度の前搾りが必要と思われます。刺激によって搾乳時間を短縮することは可能なのです。

■見えない過搾乳の実態

図２は、搾乳刺激をした場合と、しない場合を乳量で比較したものです。このグラフから搾乳刺激は乳量にも影響することが分かります。特に、泌乳中期から後期(矢印付近)にかけて乳量の差がはっきりと分かります。

乳頭を清拭することは重要ですが、ミルカ装着のタイミングが遅くなることで搾乳時間を延長させ「見えない過搾乳」を招いています。筆者はこれを「オキシトシンロス」と呼んでいます。**図３・左**は、同じ牛の泌乳グラフを重ねて表示していますが、①は刺激後1分程

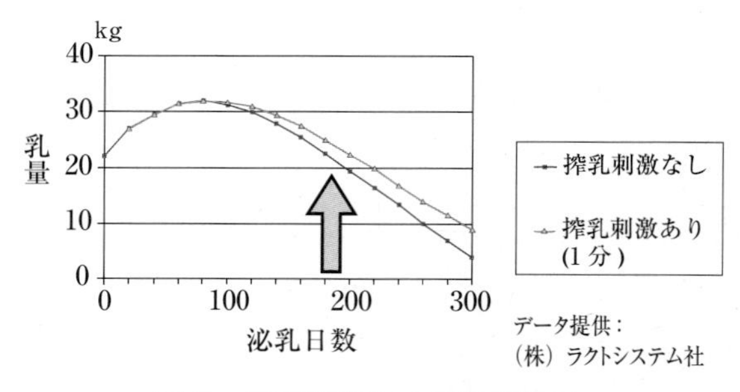

図２　乳頭刺激による乳量比較

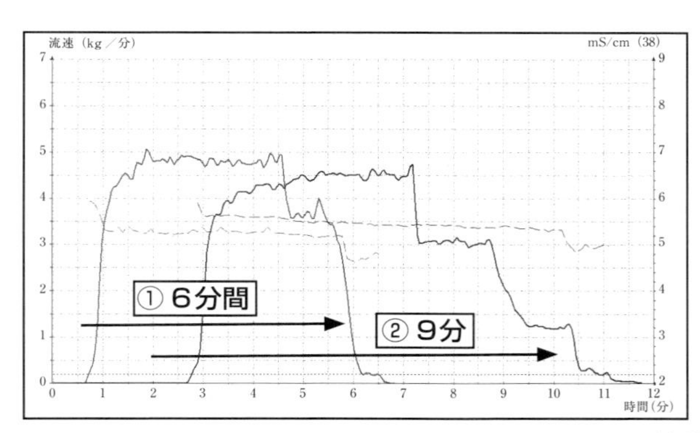

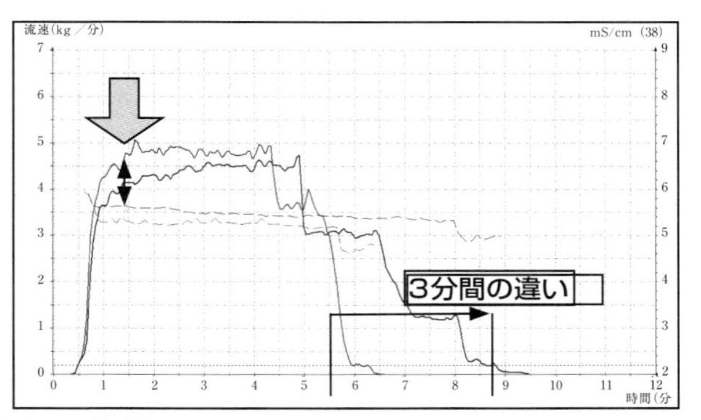

図３　搾乳時間の比較

度で搾乳が開始されているのに対し、②は刺激後３分以上経過してから始まっています。

図３・右で２つのグラフのスタートを重ねてみると、ミルカ装着のタイミングが異なる泌乳グラフには、搾乳開始の立ち上がり流量に大きな差が出ました（矢印付近）。また、搾乳が終了するまでの時間を比較すると①が６分であったのに②は９分かかっており、３分間の違いがありました。この３分間には過搾乳の表示は出ません。なぜなら乳量がある一定量出ているからです。もし、あなたの牛群で１頭当たり３分程度短縮できれば搾乳時間は何分短縮できますか？　また、これによって乳頭にかかる負担も大きく軽減できます。これがオキシトシンロスによる、見えない過搾乳の実態です。

図４はいわゆる過搾乳を示す泌乳グラフです。流速から見ると搾乳は５分程度で終わっていますが、ミルカを外したのは11分以上経過してからです。このような過搾乳を毎日繰り返すと、乳頭端が花開いたような糜爛（びらん）になってしまい、清拭に時間がかかりオキシトシンロスを招きます。これがまた、搾乳時間を長くするスパイラルになり過搾乳を繰り返すことになります。

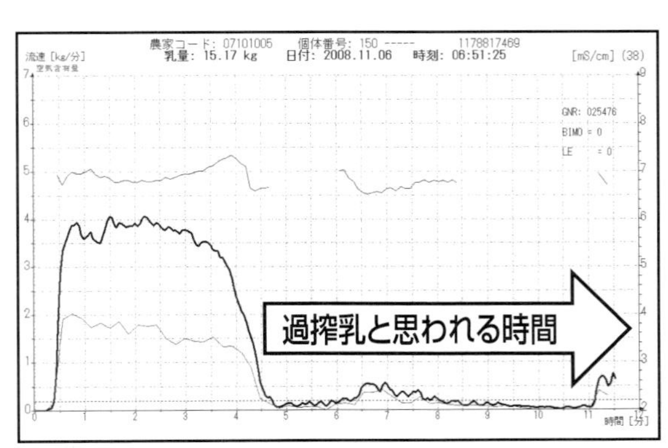

図４　過搾乳を示す泌乳グラフ

■ライナスリップによる乳の逆流現象

ライナを装着するときにエアを入れずに装着する技術も手技の一つです。ライナスリップ時のドロップレッツ（ミルククロー内圧の急激な変動による逆流現象）はミルカを装着するときにも起きています。ライナスリップが発生すると、空気がミルククロー内に入り、陰圧のバランスが逆転します。 これが逆流現象（ドロップレッツ）です。この逆流によって乳と一緒に乳房炎原因菌が乳房内に入り感染を引き起こします。

また、いったんライナスリップが起こるとそれ以降の射乳のリズムが大きく崩れることが**図５**からも分かります。ライナにもサイズや種類がたくさんあります。遺伝的な改良によって搾乳スピードが求められるあまり、乳頭サイズが細く小さくなる傾向にあります。

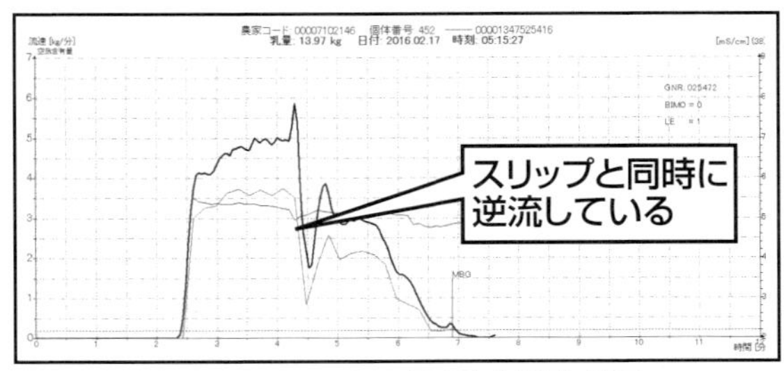

図５　ライナスリップを示す泌乳グラフ

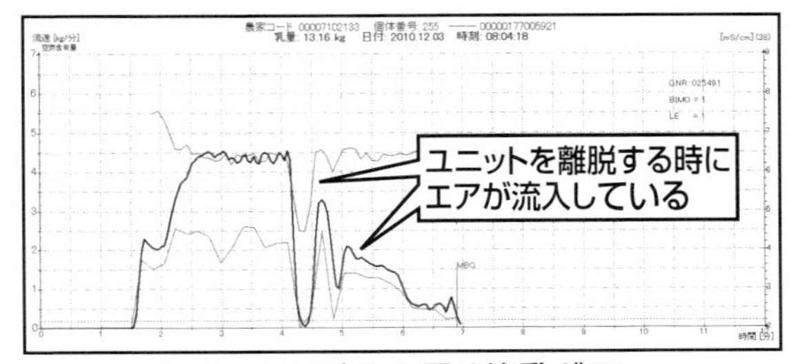

図６　エア流入を示す泌乳グラフ

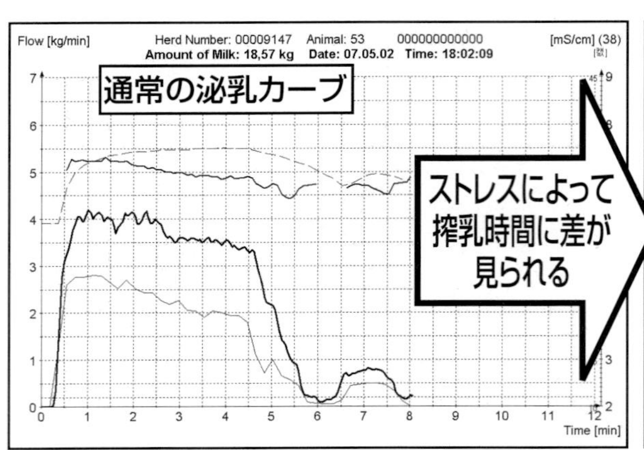

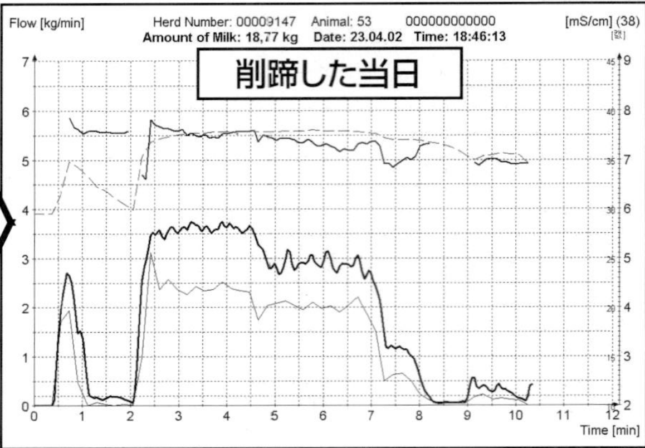

図７　ストレスによる泌乳グラフの違い

データ提供：㈱ラクトシステム社

ライナサイズが合っていない場合、スリップのリスクが高まるので注意してください。

搾乳中に搾乳が終了した分房から１本ずつミルカを離脱する方がいますが、この作業によってユニット離脱時に空気が流入します。

図６はミルカを外した時に生じるエアの流入でスリップが２回起きています。これにより乳の逆流や激突による乳頭の傷で、新たな感染が起こる可能性があります。ミルカの離脱時にはエアの流入に注意してください。

■ストレスは泌乳に大きく影響

ストレスが泌乳カーブに及ぼす影響は大きく、大きな音や見知らぬ人との接触、環境の変化による興奮などでアドレナリンという神経伝達物質が放出され、血管が収縮してオキシトシンを含んだ血液の筋上皮細胞（乳房内の筋肉）への血流量が低下します。 また、オキシトシンの分泌自体も抑制され、搾乳時間の延長を招きます。通常、同じ牛では泌乳グラフは変動しませんが、ストレスがかかると大きく変動します。

図７は削蹄直後の測定です。乳量は同じですが搾乳時間に大きな違いが見られました。アドレナリンは搾乳途中にも分泌されるので、普段の搾乳と違う検定時には搾乳中には人の気配を消す配慮が必要です。

■尾つりとカウトレーナの利用

牛体の汚れにより乳頭清拭に時間がかかり、オキシトシンロスから搾乳時間が長くなることがあります。牛体の汚れはつなぎ牛舎では尾つりとカウトレーナを設置することで改善されます。牛舎環境の改善で劇的に成果が挙がった例はたくさんあります。

尾つりと２軸のカウトレーナを設置する際のポイントを紹介します。

❶バーンクリーナの上部にワイヤーを張る（**写真１**）❷つりロープの途中にゴムを入れるとスプリング効果で切れにくい❸牛が横臥（おうが）したとき、尻尾が少し上がる程度に

写真１　尾つりロープの取り付け

写真２　２軸によるカウトレーナ設置

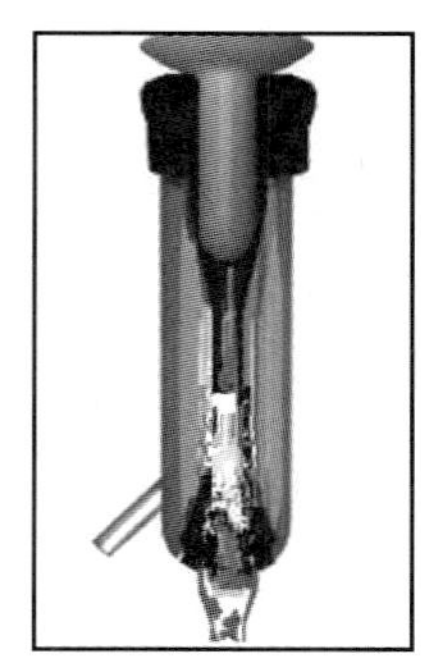

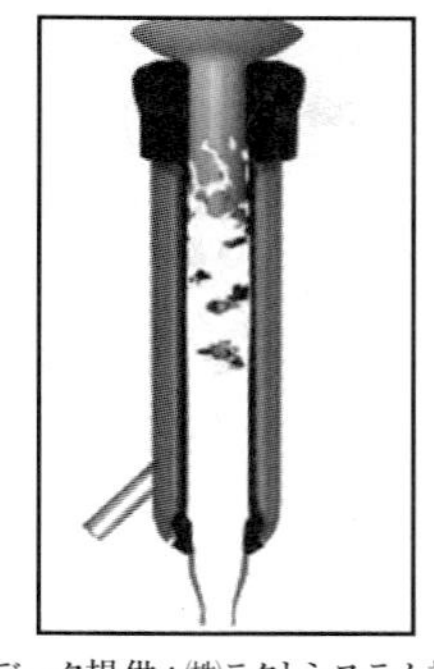

データ提供：㈱ラクトシステム社

図8　搾乳中のライナ内の乳のイメージ（射乳期からマッサージ期になる瞬間に逆流する）

調節する❹カウトレーナは牛体に合わせ１頭ずつ調節❺２軸にすると前後の調節が容易（**写真２**）❻効果を得るにはカウトレーナを少しずつ後ろに下げて教える。

フリーストールでは、ベッド上の馬栓棒とブリスケットボードの位置が重要です。適切な位置にくると排糞行動を制御できます。

■乳頭の汚れは乳房炎のリスク高める

一般的なミルククローにブリードホールがあるミルカでは、搾乳中に逆流現象が起きていると考えられます（**図８**）。従って乳頭口に汚れが残っている場合、乳房炎の発症リスクが高くなることが分かっています。乳頭口の汚れがひどいときは、プレディッピング直後に乳頭をもみ洗いすると汚れが落ちます。

タオルや紙でふき取る時には、できるだけ両手を使って乳頭口をしっかりふき取ることが重要です。きれいにふき取ったかを確認するには、一度ふき取った後にきれいなぬれタオルでもう一度ふいてチェックしてください。何も付いていないようであれば合格です。

■洗浄システムと作動状況に注意

搾乳中に乳の逆流現象が起きているとすれば、ライナ内側の汚れが乳房炎に大きく関与していることは間違いありません。バルク細菌数は低くても、ライナを交換するときにライナ内側を触ると滑りがある場合があります。洗浄不良が原因でライナ内側に汚れが残っていると乳房炎リスクは高くなります。

鳥取県でも長年にわたってミルカ点検を実施してきましたが、通常の点検項目で搾乳状態を確認することができますが、洗浄状態を確認することはできませんでした。

2014年からミルカ点検時にラクトコーダを付けて、洗浄状態を確認しています。洗浄状態は次の４項目がグラフで表示されます。

①洗浄状態：満水率と乱流率のバランスで洗浄水量の良しあしを判定

②洗浄温度：主洗浄の湯の温度は70℃からスタートして、循環の最後でも40℃を下回らないことが理想とされる

③洗浄水量：水槽容量とフロート感知位置を確認し実測する

④洗剤濃度：希釈率から洗剤の使用量を確認する

図９は本県における一般的な洗浄時のグラフです。**図10、11、12**は14年度の本県における洗浄結果です。洗浄検査初年度のため不良部分も散見されました。

洗浄温度は、排水時40℃あれば正常としていますが、冬季に計測したこともあり、特にパイプラインで急激な温度降下が散見されました（図10）。対策として前すすぎ時に40℃前後で配

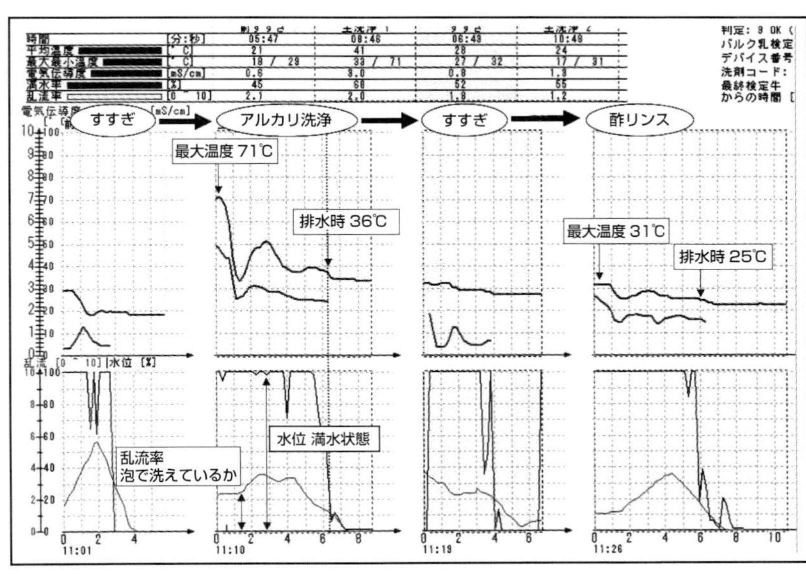

図９　鳥取県における一般的な測定グラフ

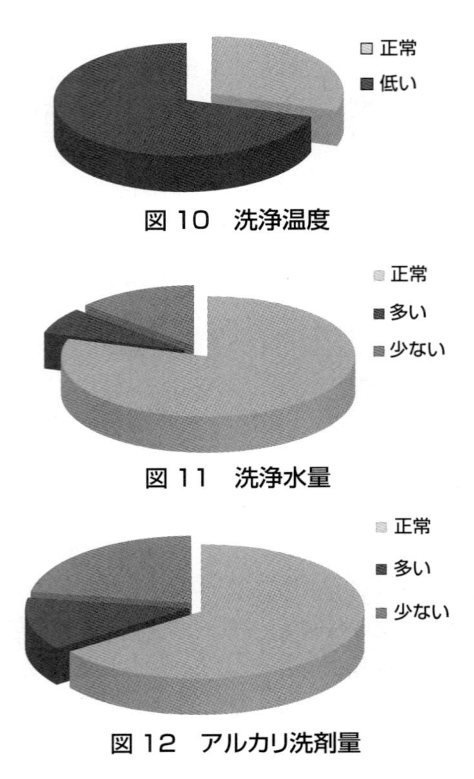

図10　洗浄温度

図11　洗浄水量

図12　アルカリ洗剤量

管を温める方法、低温でも効果が落ちないアルカリ洗剤の使用などを推進しています。34℃以下で乳脂肪は凝固し始めるため、排水温度の低下は汚れの再付着を引き起こす恐れがあり喫緊の課題と思われます。

洗浄水量が多いと十分な乱水流が起こらなくなります。また、洗剤量やボイラの燃料も余分に使用することになるため、適切な水量で洗浄することが重要です。少ない場合は、エア漏れや水槽にたまる水量不足などが考えられますが、もしラクトコーダがない場合は洗浄時ミルククローを目視するだけでもある程度判断できます。

洗剤は多ければきれいに洗えるものではありません。今回は洗浄水槽にたまっている水位を実測して計算しました。皆さんは洗浄槽にたまる水量をご存じですか？　自動洗浄なのでじっくりお湯がたまるところを見ていないと思います。洗浄水量から洗剤量が計算されるので、事前にメーカーが決めた量を守っていても、実測すると正常な濃度になっていない場合があるので、定期的な確認をお勧めします(**表**)。

手動洗浄の場合は、洗剤を一気に入れると濃度が一定になりません。**図13**では電気伝導度の波形が大きく変動していることが分かります。これは一気に洗剤を投入した場合に起きる現象です。この事例はアルカリ洗剤でしたが、このようにある一定の塊となってミルカ内を動いていることに驚きました。

また、自動洗浄とはいえ、洗剤が出ていない事例もありました。**図14**は電気伝導度が全く上がっていないため洗剤が出ていないことが分かりました。洗剤を送り出すモータの故障やパイプの破損など、正常に稼働しているかどうかに気が付くのは毎日作業する方の意識いかんです。自動洗浄を過信すると、細菌数の増加や乳房炎の多発を見落としかねません。被害を受けるのは酪農家自身。日ごろから確認と点検を怠らないよう心掛けてください。

■牛群検定時の洗浄状態

牛群検定時に検定器具を付けたときの洗浄にも注意が必要です。**図15**は検定器具を付けた洗浄状態の比較です。器具を付けることで乱流率が下がっていることが確認できます。検定器具を付けて洗浄する場合は、次の点に注意してください。

①フラスコにたまる洗浄水量の排出(すすぎ後、主洗浄後)

②フラスコにたまる洗浄水の追加(メーカーにより追加する水量は異なる。フラスコにたまることを考慮して追加する)

③洗浄水を追加する場合は温度、濃度が変わらないよう留意

◇　◇　◇　◇

正しい手順を習慣とすること

表　洗浄温度を変更した例

洗浄状態	15	洗浄水量・湯温の確認	○		水量 74.5 L　最高 55℃　排水時 39℃
	16	アルカリ洗剤		○	洗剤名：バイオエース AL　希釈倍率 0.5％ 使用量 550 → 370 ml
	17	酸性洗剤		○	洗剤名：バイオエース SN　希釈倍率 0.5％ 使用量 380 → 370 ml
	18	殺菌剤		○	洗剤名：バイオエース SK　希釈倍率 0.3％ 使用量 250 → 220 ml

注）洗浄水量は適正のため濃度変更を実施。洗浄水量は洗浄槽のサイズと水位を測定し計算した

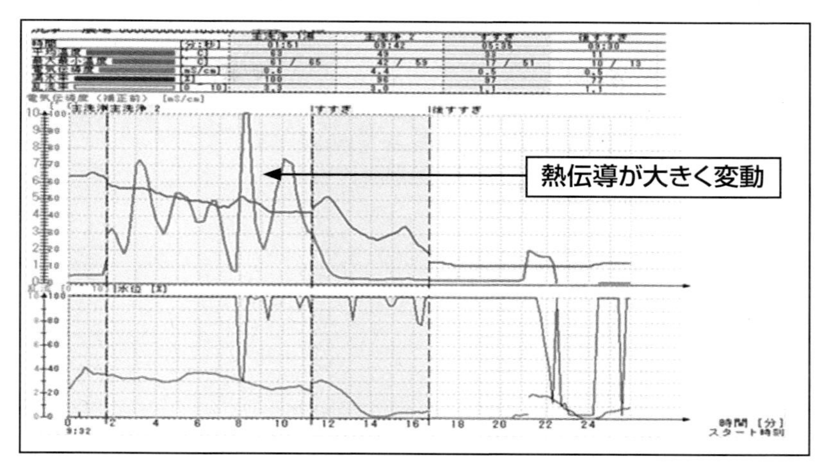

図 13　手動洗浄

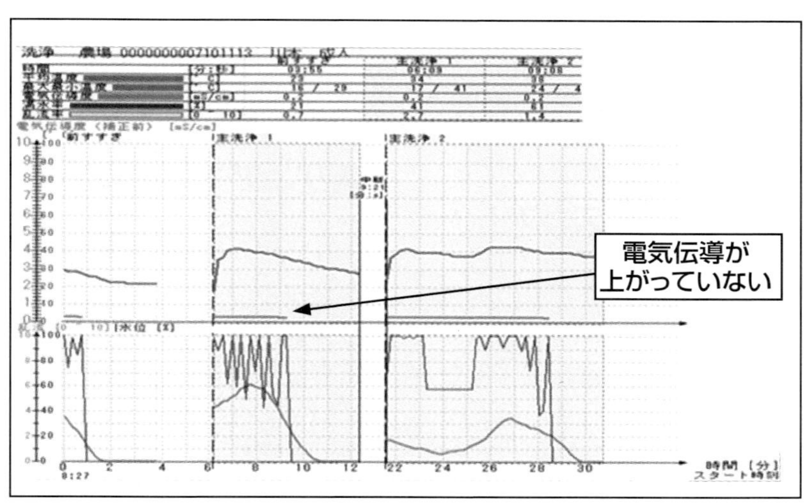

図 14　自動洗浄（洗剤不足の例）

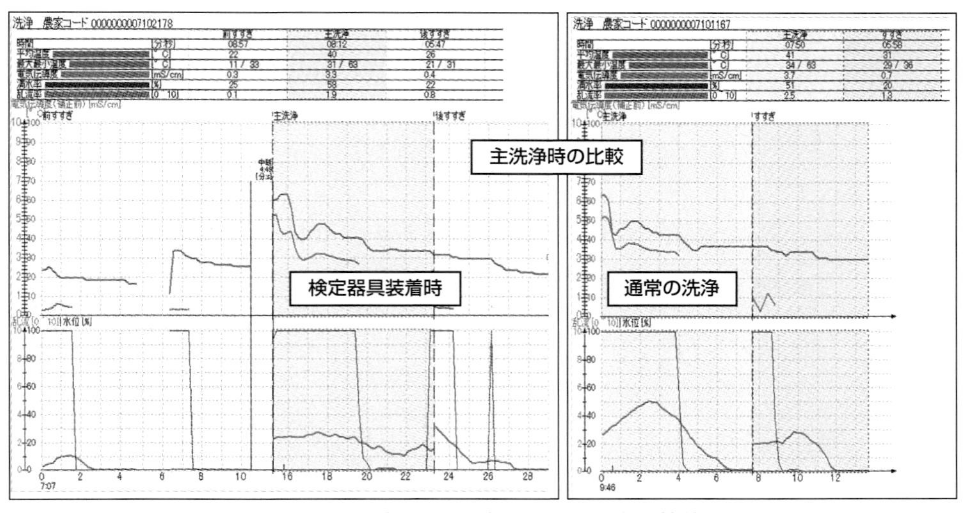

図 15　検定器具を付けたときの洗浄状態

で、乳房炎の予防や搾乳時間の短縮などが可能となります。人間は、１日の大半を習慣化し脳の作業効率を高めているといわれています。読者の皆さんも正しい習慣を身に付けて、毎日の作業を効率良くしてみませんか。

乳房炎の予防

第Ⅲ章 2　体細胞数と種雄牛の選択

山崎　武志

乳中体細胞数（以下、体細胞数）は、生乳1ℓ当たりに含まれる細胞数です。それらは乳房内感染による炎症反応、つまり白血球数の増加により急増するため、乳房炎の管理指標として国際的に利用されています。高い体細胞数は、生乳取引におけるペナルティーや乳量の損失など、収益に直結します。治療が必要になれば、治療期間中の治療代や廃棄乳など、さらなる損害につながります。

■体細胞数の指標「リニアスコア」

ここでは、牛群全体の体細胞数対策の1つとして遺伝的な改良を紹介します。体細胞数の管理指標である「リニアスコア」と乳房炎や乳量損失との関係、そして体細胞数の遺伝的能力評価値である「体細胞スコア」について解説します。また、リニアスコアと乳房炎、長命性、乳量との「遺伝的な」関係について紹介し、体細胞数の遺伝的な改良に期待できることや、より効果的な種雄牛選びについて考えます。

体細胞数の指標として、体細胞数を対数変換したリニアスコアが用いられます。乳房炎牛の体細胞数は数百万～数千万個に跳ね上がり、そのままでは通常時の数値と単純に比較できないからです。

表1に体細胞数とリニアスコアの関係、乳房炎の目安を示しました。乳房炎に関する臨床的な目安として、リニアスコア0～2が「健康牛」、3～4が「要注意牛」、5以上が「乳房炎」となります。

■リニアスコアの上昇と乳量損失

リニアスコアが高くなると、乳量の損失につながることが知られていますが、その程度は泌乳ステージが進むほど大きくなります。筆者らは北海道の牛群検定記録から、リニアスコアの上昇に伴う損失量の変化を泌乳ステージ別に調べました（**表2**）。例えば、リニアスコア（体細胞数）が2（5万）から5（40万）になったときの2産の損失量を比較してみると、泌乳日数61日～150日の1.3kg（2.6～1.3kg）に対して、151～240日は2.1kg、241～305日は3.4kgになります。

このように、特に2産以降の泌乳後期は、体細胞数の上昇による乳量損失が大きいこと

表1　体細胞数とリニアスコアおよび乳房炎の目安

体細胞数（千／mℓ）	体細胞リニアスコア	乳房炎の目安
～　17	**0**	健康牛
18　～　35	**1**	
36　～　70	**2**	
71　～　141	**3**	要注意牛
142　～　282	**4**	
283　～　565	**5**	乳房炎
566　～　1,131	**6**	
1,132　～　2,262	**7**	
2,263　～　4,525	**8**	
4,526　～	**9**	

出典：(一社)家畜改良事業団ホームページ

表2　各泌乳ステージのリニアスコア上昇による損失量の変化

日乳量の損失量（kg、リニアスコアが0からの差）

体細胞数（万／mℓ）	2.5	5	10	20	40	80	160	320
リニアスコア	1	2	3	4	5	6	7	8
初産 泌乳60日以内	0.3	0.6	1.0	1.3	1.6	1.7	2.4	3.7
61～150日	0.3	0.7	1.0	1.3	1.7	1.9	2.3	5.0
151～240日	0.3	0.9	1.4	1.8	2.1	2.3	3.0	6.0
241～305日	0.4	1.1	1.8	2.1	2.4	2.8	3.1	6.0
2産 泌乳60日以内	0.7	1.3	1.7	2.1	2.5	2.8	3.8	6.4
61～150日	0.7	1.3	1.8	2.3	2.6	3.3	4.1	6.8
151～240日	0.6	1.4	2.2	3.0	3.5	3.5	4.5	7.0
241～305日	0.1	1.2	2.5	3.8	4.6	4.6	5.1	7.5

注）北海道で2004～10年に分娩した初産牛2万1,000頭、2産牛1万5,000頭の牛群検定成績を用いた試算（山崎ら、日獣会報．2013）

から、その管理には注意が必要です。

■体細胞数の種雄牛評価値「体細胞スコア」

体細胞数を減らすためには、乳房炎の防除が第一です。適切な搾乳および飼養管理、罹患(りかん)牛の隔離、発症しやすい牛の観察などが重要です。ここでは、前記の対策ほどの即効性はありませんが、すぐに取り組める対策として、体細胞数が低い種雄牛の精液を使うことによる遺伝的な改良を推奨します。

泌乳期間中の平均体細胞数に関する種雄牛評価値は、「体細胞スコア」として公表されています。この値は、リニアスコアを小数点以下第2位まで表示したものであり、初産牛の検定記録から評価しています。2010年生まれの初産牛の平均が平均点となっています。

2016年2月に公表された総合指数上位40頭の国産種雄牛の体細胞スコアは、1.52～2.86とバラツキがあり、選択が可能です。体細胞スコアは泌乳能力に比べて遺伝しにくく、改良に時間がかかりますが、体細胞数が気になる方はぜひ参考にしていただきたい。

■体細胞スコアによる改良の効果

ここからは、体細胞スコアの遺伝的な改良がもたらす効果について解説します。効果を示す目安として、「遺伝相関」という数字を使います。遺伝相関は2つの能力の遺伝的な関係の強さを表し、－1～0～＋1の値を取ります。値が±1に近いほど、関係が強いことを示します。

関係の強さの目安は、±1～±0.6が「強い」、±0.5～±0.4が「中程度」、±0.3～±0.2が「弱い」、＋0.1～－0.1が「関係なし」です。

1)乳房炎発症への効果

例えば体細胞スコアと他の能力との遺伝相関を調べたとき、プラスであれば、体細胞スコアの低い種雄牛は他の能力も下がる、つまり同じ方向の反応が予想されます。マイナスであれば、逆方向の反応が予想されます。

リニアスコアと乳房炎発症との遺伝相関は＋0.6～＋0.8程度という報告があります(Carlenら, J.Dairy Sci. 87. 2004)。体細胞スコアと乳房炎発症との間の遺伝的関係は強く、同じ方向の反応が期待されます。つまり、体細胞スコアの低い種雄牛には、群の乳房炎発症を下げる効果が期待できるでしょう。

2)長命性の指標「在群期間」

体細胞スコアと長命性の関係を解説する前に、長命性を計る指標や、長命性の向上がもたらす効果について紹介します。長命性の目安の1つとして、「在群期間」があります。在群期間は、出生から除籍までの期間(月数または日数)をいいます。

除籍の理由は事故、低能力、繁殖障害、体細胞数を含む乳質の低下、疾病、気質、搾乳速度など管理上さまざまですが、「よりよいものを群に残す(選抜する)ため」と「管理上やむを得ない」の2つに分けることができます。在群期間を延ばすことは、「管理上やむを得ない」場合を減らし、「よりよいものを群に残す」機会を増やすことにつながります。

そのため、低能力牛を除籍できる機会が増え、群全体の改良に大きく貢献します。

■在群期間と生涯生産性の関係

在群期間を延ばすことは、生涯生産性を高めることにつながります。ここでは、「生涯の乳生産効率」と在群期間との関係について解説します。生涯の乳生産効率の目安の1つとして、「生涯平均日乳量」があります。生涯平均日乳量は、生涯の総乳量を在群期間で割った値です。牛がその生涯を振り返ったとき、1日当たり何kgの乳生産に貢献できたか、を示すものといえるでしょうか。

在群期間と生涯平均日乳量の関係について、単純な例を考えてみます(**図1**)。満2歳(24カ月齢)で初産分娩し、その後も1年1産(305日搾乳、60日乾乳)だったとします。そのとき、3産次搾乳終了で除籍すると、在群期間は2年＋3年－60日(最後の乾乳期間)＝1,765日です。4産次、5産次搾乳終了で除籍すると、在群期間は2,130日、2,495日になります。

次に、生涯の総乳量を考えます。初産次と経産次の305日乳量を8,500kgと9,500kgと

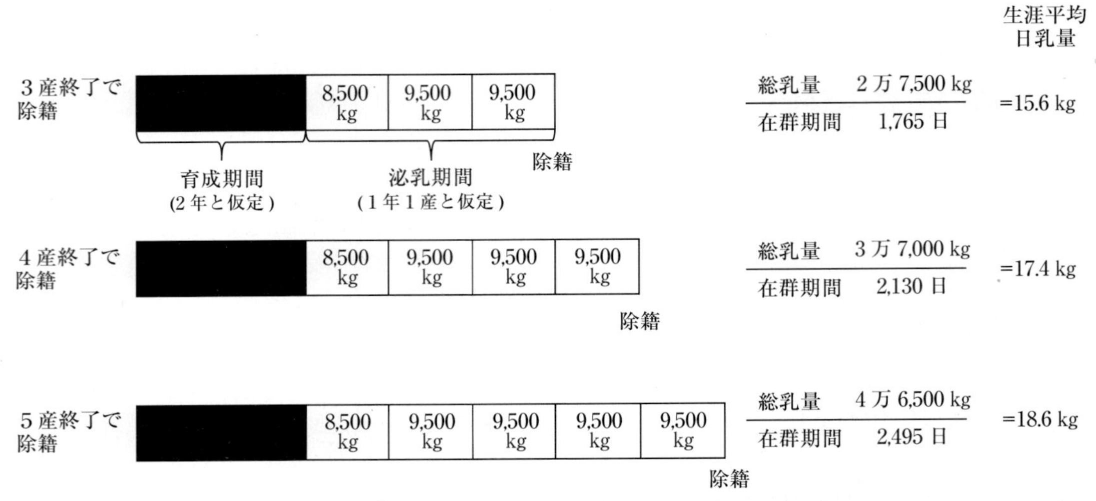

図1　在群期間と生涯平均日乳量(総乳量／在群期間)の関係

すると、3産次搾乳終了で除籍したときの生涯の総乳量は8,500kg＋9,500kg＋9,500kg＝2万7,500kgになります。4産次、5産次搾乳終了で除籍すると、生涯の総乳量は3万7,000kg、4万6,500kgになります。

これらの数字から、各産次搾乳終了で除籍したときの生涯平均日乳量(生涯の総乳量／在群期間)を計算すると、3産次搾乳終了時は2万7,500kg／1,765日＝15.6kgとなり、4産次終了時は17.4kg、5産次終了時は18.6kgとなります。

このように、在群期間が長いほど、生涯の乳生産効率は良いことが分かります。

低能力や繁殖性の悪い牛を無理やり長く使っても乳生産効率は上がりません。事故や疾病による「管理上やむを得ない」除籍を減らして在群期間を延ばすことが乳生産効率の向上につながります。また在群期間が延びると、1頭当たりの子牛生産頭数も増えるため、生涯生産性はさらに向上します。

■在群期間の評価値と体細胞スコア

在群期間の種雄牛評価値は、97(短い)～100(普通)～103(長い)の7段階で公表されています。在群期間を参考に種雄牛を選ぶとき、気を付けていただきたいのは、在群期間は他の能力に比べて遺伝しにくいため、評価値の信頼性が若干劣る、ということです。リスクを避けるため、1頭の種雄牛に集中するのではなく、複数の種雄牛を選択するのがよいでしょう。

在群期間と他の形質との遺伝相関は、雌牛の誕生年により変化することが報告されています(萩谷ら、日畜会報. 83(1). 2012)。酪農家における除籍理由が時代により変化するからと考えられています。

例えば、1990年代前半の在群期間と305日乳量との遺伝相関は正の相関でしたが、それ以降ほぼゼロに変化しています。以前は、よく出る牛が群に長くとどまる傾向がありましたが、現在は関係なくなっていると考えることができます。

体細胞数の評価値である体細胞スコアと在群期間との遺伝相関は、時代の変化に関係なく－0.2～－0.3程度と報告されています(萩谷ら、日畜会報. 83(1). 2012)。体細胞スコアの低い種雄牛を選ぶことは、時代に関係なく在群期間を延ばす効果があると考えられます。

生涯生産性に着目した群の改良を重視するならば、在群期間や体細胞スコアに着目した種雄牛の選択が有効です。

■ピーク乳量改良と乳房炎発症リスク

泌乳ピーク期である、泌乳1～2カ月の乳量を高める改良は、乳房炎発症の増加やリニアスコアの上昇に関係する可能性があります。**図2**は、初産次の乳房炎のかかりやすさと、さまざまな分娩後日数の乳量との遺伝相関を調べ、横軸を乳量の分娩後日数、縦軸を遺伝相関にしてグラフ化したものです。

泌乳30日前後で最も高いプラス(0.3程度)になっています。泌乳30日ごろの乳量を高くする改良は、乳房炎にかかりやすくする恐れのあることを示しています。

同様に、**図３**は、初産次のさまざまな分娩後日数の乳量とリニアスコアの遺伝相関をグラフ化したものです。泌乳60日前後で遺伝相関が0.2程度のプラスになっています。この時期の乳量が高いと同じ時期のリニアスコアが上がりやすい、という遺伝的な関係を表しています。

泌乳ピーク期の乳量と乳房炎、リニアスコアとの間には、それほど強くないものの、同時に改良するのが難しい遺伝的関係が認められます。一方、乳量も出て、乳房炎にもかかりにくい牛がいることも事実です。乳量を重視して種雄牛を選ぶ際には、体細胞スコアの高さもチェックするのがよいでしょう。

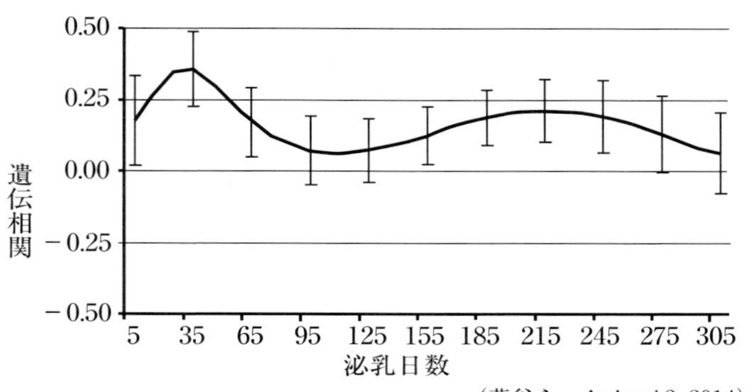

図２　さまざまな泌乳日数の乳量と乳房炎発症の遺伝相関

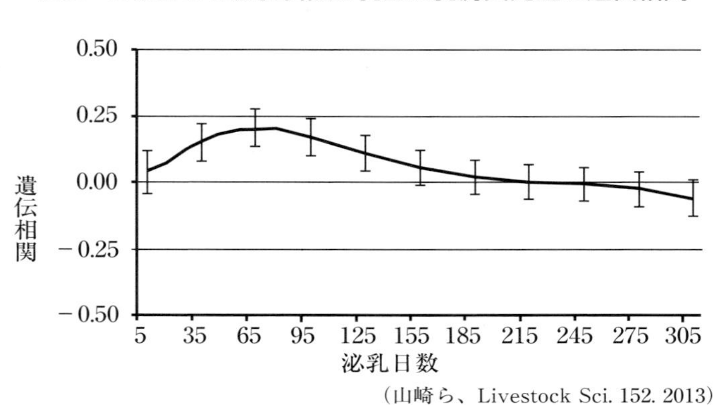

図３　さまざまな泌乳日数の乳量とリニアスコアの遺伝相関

■「泌乳持続性」改良による体細胞数減

泌乳持続性の遺伝的な改良は、泌乳中後期のリニアスコアを下げる効果が期待できます。泌乳持続性は泌乳ピーク時の乳量を維持する能力の評価値です。泌乳持続性の種雄牛評価値は、97(低い)～100(普通)～103(高い)の７段階の数値で表示され、分娩後日数に伴う日乳量の遺伝的能力の推移を示す「遺伝能力曲線」とともに公表されています。

泌乳持続性とさまざまな分娩後日数のリニアスコアとの間の遺伝相関を調べると、泌乳中後期にマイナスとなり、特に２産の泌乳240日以降は－0.5程度になります(**図４**)。泌乳持続性の改良は、泌乳中後期のリニアスコアを下げる効果があり、特に２産で効果が大きいことが分かります。体細胞数の増加による乳量損失が２産以降の泌乳後期ほど大きいことから、体細胞数を遺伝的に改良するには、体細胞スコアが低く、泌乳持続性が高い種雄牛を選ぶことが有効です。

また前述の通り、泌乳ピーク期の乳量の遺伝的改良は、乳房炎発症やリニアスコアの上昇に関係します。ピークではなく、ピーク以降の乳量を高める効果のある泌乳持続性に着目した種雄牛の選択は、牛群の乳房炎発症の

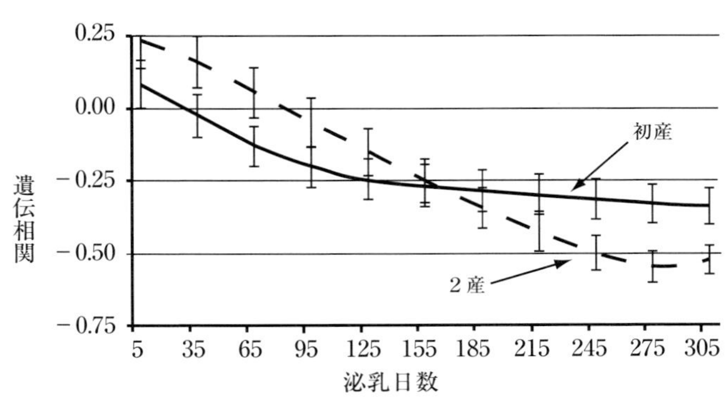

図４　さまざまな泌乳日数のリニアスコアと泌乳持続性の遺伝相関

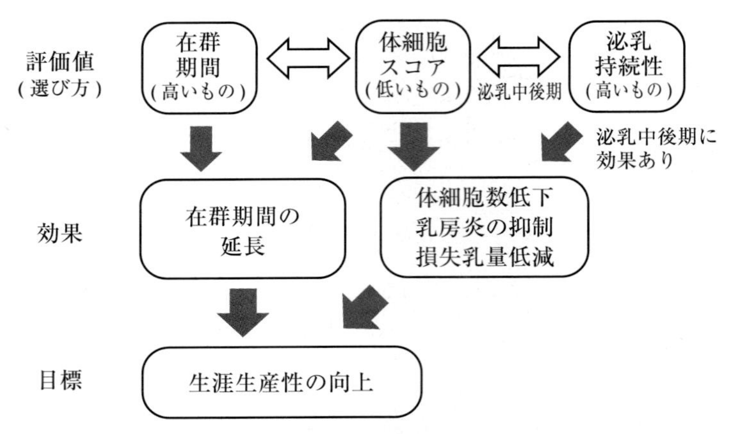

図5　体細胞数と関係する種雄牛評価値と期待できる効果

改善に配慮しつつ、乳量レベルを高めるために有効と考えます。

◇　◇　◇　◇　◇

高い体細胞数は、衛生上問題である上に、産乳による収益に直結します。逆に、体細胞数を低く抑えることができれば、生産量の確保、収益の向上につながります。また、長命性とも関係することから、生涯生産性の向上にも大きく貢献します。

体細胞数を低く抑えるためには、日ごろの管理を基本に忠実に実践することが最も効果的です。適切な搾乳および栄養管理や、牛の状態の観察などが重要です。一方、体細胞数や在群期間は、産乳能力に比べ遺伝しにくく、遺伝的な改良は時間がかかりますが、今回紹介した評価値を参考に精液を選ぶだけで改良を始めることができます。

最後に、今回紹介した種雄牛評価値と、それらに期待される効果についてまとめてみました（**図5**）。それぞれの評価値の特性と、皆さんの牛群の状態を踏まえ、ゆっくり改善するつもりで取り組んでいただきたいと思います。

第Ⅳ章

蹄病の予防

第Ⅳ章 蹄病の予防

1　生産への影響と対策

田口　清

■蹄病は長命性にどう関わるのか

乳牛の長命性は淘汰によって決定されるので、明瞭な遺伝形質というより選抜方針（自発的淘汰）と疾病（非自発的淘汰）の結果と考えてもよいでしょう。農場の経営方針や乳肉の市場価格にもよりますが、現代の酪農場の一般的な年間淘汰率はおよそ25％前後で、非自発的淘汰と自発的淘汰の割合はおよそ半々となっています。

非自発的淘汰では低繁殖性と健康問題（疾病）が淘汰の原因であり、繁殖障害、乳房炎、跛行（はこう）が主要な健康問題です。このうち跛行の最大の原因が蹄病で、乳量の減少と早期淘汰を起こす福祉問題とされます。蹄病は歩行機能の喪失や不快・疼痛（とうつう）を牛に与え、牛本来の生産寿命を短縮することから、長命性を福祉問題と捉え幅広く蹄病問題を考えるのは有用なことです。

1990年代、蹄病と長命性の直接的な関連性には否定的でしたが、現在では跛行の増加ばかりでなく、高泌乳牛の乳量や受胎成績に及ぼす跛行の影響は大きく、跛行が長命性に負の効果を及ぼすことが明らかにされています。非自発的淘汰の半数は乳質や不妊を介して、跛行と間接的に関連しているともいわれています。

初産時の測定で、蹄背壁が短く、蹄角度が急峻（きゅうしゅん）であった牛の方が、3.4歳まで生存する確率が高く、蹄の長さと角度が長命性に関連することは古くから示唆されています。近年のイギリスにおける、1,586頭の種雄牛を父とする初産～３産のホルスタイン-フリージアン種乳牛７万5,137頭（2,434牛群）、12万4,793頭の泌乳牛を用いた研究では、長命性は低体細胞数、良好な繁殖性、疾病（乳房炎や蹄病など）の低罹患（りかん）と遺伝的関連性があったとしています。高泌乳の形質ばかりを基に遺伝選抜すれば良好な栄養管理が必要になり、これが満たされなければエネルギー不足による免疫能の低下が起こり、疾病罹患が増し、繁殖性が低下して早期に淘汰されることになり、長期的には生産寿命が短縮するとされています（**図１**）。

最近の研究でも、泌乳初期の強い脂肪動員が早期淘汰リスクを高めることが明らかになっています。後に説明するように、蹄病は泌乳初期のエネルギー不足による代謝ストレスを起点として発生することが理解されるようになり、この時期の飼養管理法が蹄病罹患と早期淘汰の両方に影響を与えています。

蹄病の中でも、特に淘汰と関連するのは蹄底潰瘍などの蹄角質疾患で、さらに分娩後４カ月以内に発生した蹄底潰瘍で淘汰リスクが高いとされています。蹄底潰瘍は他の蹄病と比べて疼痛が強く、治癒に時間を要することから乳量低下が顕著で、治療費が掛かり、不

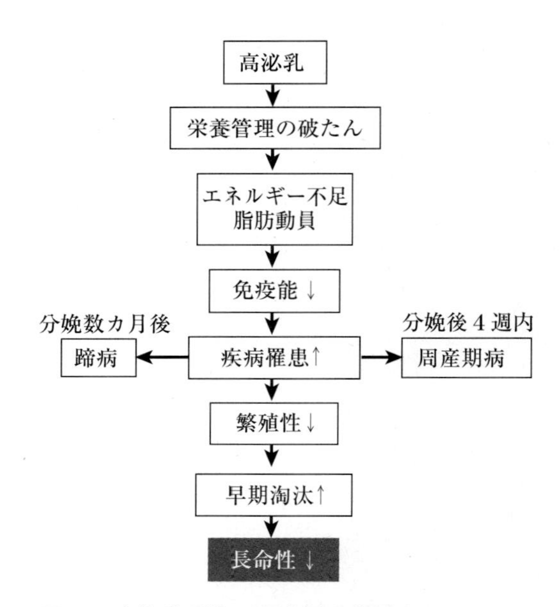

図１　高泌乳が牛の長命性を損なうシナリオ

受胎になるリスクが高いことがその理由です。蹄病による乳量の低下は1乳期当たり平均400kg程度とされていますが、1乳期乳量の20％に及ぶこともあります。趾（し）皮膚炎と淘汰との関連は認められていません。

■海外における蹄病の現状

蹄病の発生は、通年舎飼いのコンクリート通路を有するフリーストール方式の牛舎で最も多いことが認められています。近年のイギリスにおける跛行の予防目標は、年間蹄病発生率が牛100頭当たり10～20例未満であること、明瞭な跛行牛の有病割合が10～15％未満であることとされています。これらはイギリスの農場の大規模調査における明瞭な跛行の有病割合が36％、トップ25％農場の跛行有病割合が22％以下であったことに基づいています。

イギリスの跛行に関する2005年の報告では、蹄病の90％は蹄底潰瘍や白帯病および趾皮膚炎であることはここ20年来、変化していません。また、跛行の有病割合は20％以上、発生は50％以上であったといわれます。イギリスで報告されている獣医治療を基にした報告では、1年間の蹄病発生率は牛100頭当たり75例と高発生です。また06～07年のイングランドとウェールズの227農場における跛行の有病率も36.8％（0～79.2％）と高いものでした。04～05年のカナダ・オンタリオ州の204の酪農場の調査では、フリーストール農場で46.4％、タイストール農場で25.7％の牛に蹄病変が存在し、また、それぞれ25.7％および9.3％の牛に趾皮膚炎病変が存在していました。

一方、1牛群の頭数が比較的少ないフィンランドやスイスの蹄病発生は比較的低く、フィンランドの87件のフリーストール農場の跛行有病割合は21（2～62）％、10～11年のスイス78農場の1,449頭では14.8％となっています。残念ながら日本にはこのような蹄病の発生や有病に関する信ぴょう性の高いデータは収集されていませんが、筆者が経験している範囲では世界の集約的酪農業と共通すると考えてよいと思います。

総じて言えば、日本を含めた世界の集約的酪農業における農場では、平均的に約1／3の牛に跛行や蹄病が見られ、これらは乳量の減少、繁殖成績の低下、淘汰率の増加などの経済損失を農場に与え、疼痛性疾患であること、および生産寿命を短縮させることから重大な動物福祉の問題であると理解されます。

■分娩～泌乳初期の代謝ストレス

蹄病罹患は現代酪農産業の大規模化、集約化、高生産と関連します。これらの飼養管理法に起因する牛群の蹄病発生要因を大別すると、牛への全身性の代謝ストレスと蹄への機械的ストレスの増大の2つで、これらの相乗作用が生体の恒常性維持機能を上回ることで蹄病が発生します（**図2**）。

代謝ストレスは主に、分娩～泌乳初期の約2カ月間に作用します。蹄病を起こす代謝ストレスは、この時期に起こる各種周産期病の原因と共通するもので、発症する時期が蹄病では分娩数カ月後という点が異なります。

すなわち、分娩から泌乳初期にかけて生じる❶カルシウムなどのミネラル代謝の変化（低カルシウム血症）❷泌乳エネルギー調達のための脂肪代謝の変化（脂肪動員、ケトン体

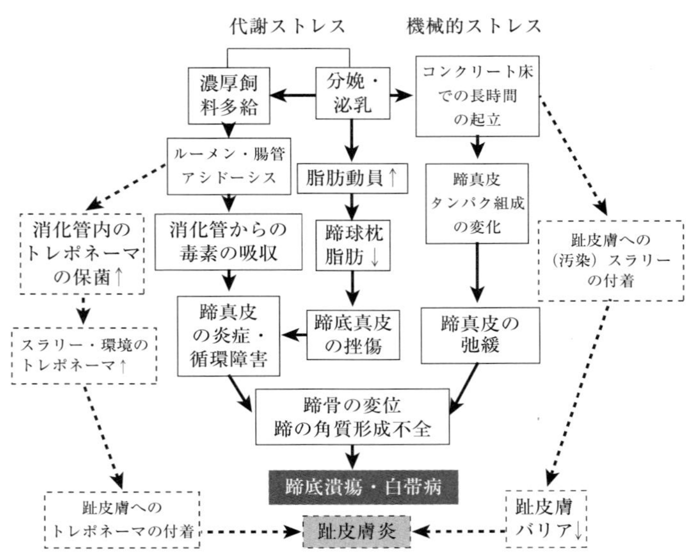

図2　蹄病罹患（りかん）の要因

形成、肝の脂肪化）❸泌乳飼料への変換によるルーメン機能の変化（ルーメン細菌叢〈そう〉の不適合とpH低下）❹ホルモン作用や負のエネルギーバランスと関連する免疫応答の変化（子宮退縮の遅延、乳汁体細胞数の増加）—など、いずれも生理範囲のものであっても、乾乳期飼料、乾乳期のBCS（ボディーコンディションスコア）、濃厚飼料の変換や増給法、飼料アクセス環境などに問題があれば、代謝性ストレスは容易に生理的範囲を超えるものになり、疾病形成過程が発動します。

代謝ストレスのうち蹄病との関連が最も古くから知られているのが❸のルーメンアシドーシスです。ルーメンアシドーシスといっても問題とされるのは亜急性ルーメンアシドーシスで、ルーメン内の乳酸産生が急増する急性ルーメンアシドーシスのことではありません。亜急性ルーメンアシドーシスはルーメン内で産生される総揮発性脂肪酸量が吸収可能な範囲を超えて過剰となり、ルーメンpHが低下し、エンドトキシンやヒスタミンなどの毒素が産生されるとともにルーメン粘膜が破壊され、第一胃炎が起こり、毒素が血中に吸収されます。ルーメンと同じく腸管でも同様のことが起こります。これらの毒素は血流で全身を巡り、蹄真皮に炎症を引き起こします（これを全身性炎症反応といいます）。さらに強い脂肪動員は蹄底のクッションである脂肪組織を減少させ蹄底真皮が挫傷を受けやすくしてしまいます。

これらはいずれも蹄真皮に血流障害と炎症を起こし、蹄内の蹄骨位置の変化と蹄角質性状の脆弱（ぜいじゃく）化をもたらします。このような変化はさまざまな程度で繰り返し生じ、遂には消化器とは遠隔地の蹄病として、原因が生じてから数カ月後に現れます。

■機械的ストレスが及ぼす影響

一方、ストールに十分横臥（おうが）できない環境では、牛は硬いコンクリート床に立ち続けることで蹄は持続的な機械的ストレスを受けます。機械的ストレスは蹄真皮のタンパク組成を変化させ、蹄真皮は弛緩（しかん）し生体力学的機能を弱めます。

蹄真皮の弛緩は分娩時のホルモン作用によっても直接的に生じるとされています。このような状態は、蹄内の蹄骨位置の変化と蹄角質性状の脆弱化をもたらし、代謝ストレスとは違って蹄真皮に炎症を起こすことなく蹄病となります。

機械的ストレスは牛舎環境や牛群構成が変わらない限り、24時間・365日、蹄に作用を及ぼし続けます。蹄病発生因子が飼料、床材、分娩・泌乳開始のうちのどの効果が大きいのかを初産牛と未授精牛を用いて調べた研究では、床材と分娩・泌乳開始の影響が大きいことが確かめられました。このことは分娩前後の時期に牛が十分に横臥できる環境が蹄病予防に極めて重要なことを示しています。

この研究で用いられた飼料は粗飼料だけの飼料と通常の濃厚飼料を含む泌乳用飼料であり、ルーメンアシドーシスを起こすような飼料を用いたわけではありません。従って、ルーメンアシドーシスのような代謝ストレスを蹄病の原因として否定するものではなく、むしろ蹄病発生には代謝ストレスと機械的ストレスの両方の関与が必要なことを示すものです。この研究は、飼料の改善だけでは蹄病を予防できなかった経験によって実施されたものであることを理解いただきたいと思います。

■趾皮膚炎の感染

このように、代謝ストレス因子と機械的ストレス因子の両方が作用することによって蹄病の発生につながりますが、これらは牛の品種、肢蹄形状、年齢、乳期、牛群構成と行動などの牛側の因子や、削蹄や蹄浴などの護蹄管理法とも関連します。

ここまで蹄底潰瘍や白帯病のような蹄角質に生じる蹄病について述べてきましたが、もう一方の蹄病である趾皮膚の感染の要因についても代謝ストレスと機械的ストレスという考えが適用できます（図2）。すなわちコンクリート床での起立は趾皮膚へのスラリーの付着を増やし、趾皮膚は湿潤し不衛生になるばかりでなく、浸軟してそのバリア機能が減退します。趾皮膚炎がまん延している農場では、趾の病変部から排菌された趾皮膚炎の主要な起因菌であるトレポネーマがスラリーに含まれ、感染が容易に成立する状況といえます。

一方、代謝ストレスとしてのルーメンアシドーシス状態では消化管内の細菌叢(そう)の変化によってトレポネーマが保菌されると考えられ、糞便中のトレポネーマが大量に排菌されるはずです。これらが皮膚のバリア機能が低下した皮膚に付着すれば感染は容易に成立します。さらにルーメンpHが低下すると、表皮形成に重要な役割を有するビオチン(ビタミンBの一種)のルーメン内での合成が低下し、皮膚のバリア機能が弱まり皮膚の感染はさらに容易になることも考えられます。蹄角質の蹄病であろうが、趾皮膚の感染による蹄病であろうが、代謝ストレスと機械的ストレスが複合することが蹄病の根本原因であるとの認識は極めて重要です。

■カウコンフォートを考えた対策

蹄病の原因は複数あるので、複数の対策が必要です。単純化していえば、代謝ストレスを最小にするには泌乳初期のルーメンアシドーシスのリスクを除くことであり、機械的ストレスを除くために牛舎内でストールに十分な時間(1日12時間以上)横臥できる環境をつくることです。前者では、飼料組成および飼料摂取行動と関連する牛舎施設と管理法に焦点が当てられます。後者では十分に横臥できるストール構造(クッション性と寸法)と管理法が重要です。いずれにしろ飼養管理法の変更がなければ蹄病を予防できないことは、蹄病予防のさまざまなプロジェクトにおいても明らかにされています。

すなわち、牛群の蹄病の罹患数と発生数を減少させるためには、蹄病にかかってしまった牛の個体治療だけでは達成されず、まず牛に代謝ストレスと機械的ストレスを与えている飼養管理法の問題点を見いだし、改善することが蹄病防除の手段と考えるのがよいと思います。しかし実際の蹄病対策では、牛群に発生する蹄病を何よりもまず早期に発見し、早期治療する習慣的な手立てを確立することから始める必要があります。なぜなら一度、蹄病にかかると蹄病は乳期を超えて何度も繰り返して発症するからです。このことは発見の遅れた重度の蹄病で顕著です。これらはひいては早期淘汰につながり、長命性を損なうことになります。蹄病の早期発見のためには定期的に牛の歩様を観察することと、そのスキルを身に付ける必要があります。

近年の蹄病対策では、給与飼料自体の改善が目覚ましいため、むしろ飼料へのアクセス行動に影響する牛舎構造や管理法が注目され、牛舎環境の問題として捉えられています。また飼料の問題は分娩〜泌乳初期の2カ月間の問題に限られることが多く、この期間に注意を集中させれば改善はそれほど困難ではありません。

これに対してコンクリート床から受ける機械的ストレスは通年作用し、牛舎構造の改築や管理法の大きな変更を必要とすることもあり、改善による費用対効果が得られる証拠は必ずしも十分ではありません。しかし、一方ではこれらの改善なくしては、疾病減少(健康増進)や生産増加が望めないのも事実です。

こう考えると、蹄への機械的ストレスを最小限にする施設と管理法がカウコンフォートという概念であり蹄病予防の最重要概念で、ゴム床通路、砂ストール、コンポストバーンなどはその適例です。通年舎飼い環境ではさらにコンフォートを生物学的要件以上に豊かにしなければならないことも指摘されています。

■蹄病予防プロジェクト

農家の方々は自分の農場にいる跛行牛の割合を常に過小評価する傾向があります。また農家が蹄病予防に取り組めない理由には、忙しいこと、他の問題解決の方が優先だと考えること、また蹄病防除の成果がなかなか挙がらないこと—などが理由とされています。

蹄病予防が成功するかどうかは農場の意欲や姿勢と関連し、蹄病の少ない農家では蹄病に関する知識が高く、蹄病に対処する訓練が行き届き、意識が高いことが明らかになっています。蹄病予防の動機付けには、蹄病が牛にたいへんな疼痛と苦痛を与えることへの理解および自分の農場が健康牛群であるというプライドが重要とされています。

世界各国では増え続ける蹄病や蹄病損失に対し、国や地域を挙げてさまざまな組織的な取り組みが行われています。一般的な方法は、プロジェクトに参加する蹄病予防に意欲のある農家を募集してプロジェクト内容を提示し、獣医師、削蹄師といった指導技術者の参加と養成を行い、農場で農家の跛行牛の摘発訓練を実際に行う—ことから開始されます。

プロジェクト内容は、まず❶農場の跛行牛の蹄病頭数と種類を把握し（跛行牛の挙肢検査と診断）、次に❷農場の跛行問題の原因（危害）を特定する（リスクアセスメント）。このとき、技術者は農家に跛行牛の早期発見法を施設に適合した方法で教示し、さらに農家と共に農場内の跛行と関連する施設や管理法を探索します。そして❸優先順位を付けた改善（防除）法リストを作成（アクションプラン）、❹実際に防除手段を実行し、❺❻定期的に進ちょく度合いおよび跛行牛の頭数をチェックします（モニタリング）（**図3**）。

従業員によって飼養管理作業が分担されている大規模農場ではHACCPのように必須管理点を定めて、連続的に管理する方法を用いることも有用です。**図4**には蹄底潰瘍の必須管理点の例を示しました。

蹄病の多い農場では安易で安価な防除法を求める傾向があります。しかし、農場で安定して蹄病を減少させるには一般的に2、3年の期間が必要です。この間削蹄師、獣医師、酪農コンサルタントなど技術者の持続的な協力が必要とされるだけでなく、酪農家自身の経営方針（生産と長命性）や飼養管理法にある代謝ストレス（生産と飼料）と機械的ストレス（牛舎施設と管理法）という根本を見定めた、飼養管理の長期的な視点が必要となります。

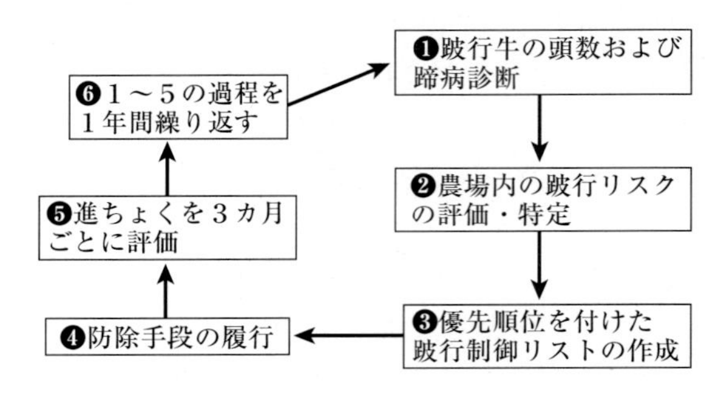

図3　蹄病防除プロジェクトの過程

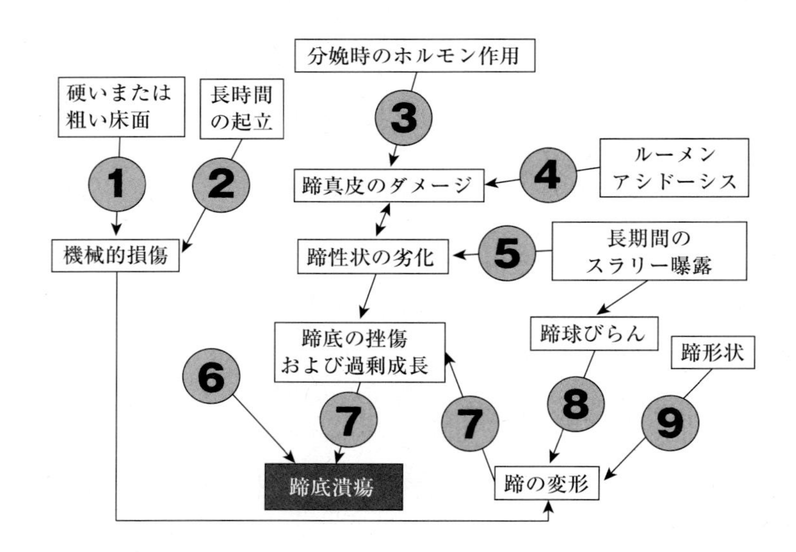

1＝歩行の安楽性（牛の動線、コンクリート通路の溝切り性状や破損部位、通路床の性状、蹄の過剰成長、牛の誘導法、過密など）
2＝起立時間の短縮（ストール構造、敷料、パーラ待機時間、牛密度、給餌頻度、通路の状態など）
3＝移行期の管理（牛密度、ストール構造と敷料、衛生環境、蹄形状、削蹄時期など）
4＝飼料（飼料組成、飼料給餌法、分娩後の増給法、飼槽構造、牛密度など）
5＝除糞頻度と方法（除糞方法、除糞回数、牛舎消毒、通路床性状、牛密度など）
6＝適切な治療法（早期発見と早期治療、治療削蹄技術の向上、蹄ブロックの使用、治療後のチェックなど）
7＝削蹄（削蹄頻度、削蹄技術、蹄病牛の摘発法、治療削蹄法など）
8＝蹄浴（蹄浴頻度、使用薬液、薬液量、薬液濃度、薬液交換頻度、蹄浴槽の汚染など）
9＝育種（蹄角度の急峻な雌牛の選抜、蹄強健性の優良な種雄牛の選択）

図4　蹄底潰瘍の形成過程と防除の必須管理点（1～9）

蹄病の予防

第Ⅳ章

2　ルーメンアシドーシスの発生メカニズム

三好　志朗

数十年間にわたる乳牛の遺伝的改良の結果、乳牛の乳生産量は飛躍的に増加しています。その結果、泌乳エネルギー要求量を満たすために炭水化物を多く含む穀類の給与量は増加し、それに伴い粗飼料の給与量が減少しています。

以前の飼料プログラム中の粗飼料率は、50～60％でしたが、現在では約40％が当たり前になっています。穀類の多給により給与飼料中の炭水化物給与量は65％以上にもなり、それがルーメン内で有機酸の生産量を増加させ、ルーメンpHを低下させる原因となります。同時に、粗飼料摂取量の減少は、ファイバーマット形成が不十分となり、反すうや唾液分泌が減少するため、ルーメンpHの低下を防ぐことができなくなってしまいます。

このように、ルーメン内有機酸の増加や唾液分泌量の低下により、ルーメン内の酸性化が進むとルーメンアシドーシスが発生します（**図1**）。本稿では、蹄病を含め生産性を著しく低下させるルーメンアシドーシスについて考えてみます。

■亜急性ルーメンアシドーシスとは

発酵性の早い炭水化物を多量に摂取した場合、ルーメン内で乳酸菌が急速に生産、蓄積された結果ルーメンpHが5.0以下に低下した状態を急性ルーメンアシドーシスといいます。水様性下痢、食欲喪失、横臥（おうが）、起立不能、および泌乳量激減などの臨床症状を示します。

亜急性ルーメンアシドーシスとは臨床症状を示さないルーメンアシドーシスで、英語名のSubacute Ruminal Acidosisを略して通称SARA（サラ）と呼ばれています。濃厚飼料の多給やTMRを固め食いすると、採食後の急速なルーメン発酵により、ルーメンpHは危険域であるpH 5.8より低下しpH5.2近くまで達する場合がありますが、多くの場合は、数時間後にはルーメンpHは正常に回復してしまうために、牛はアシドーシスの臨床症状を示し

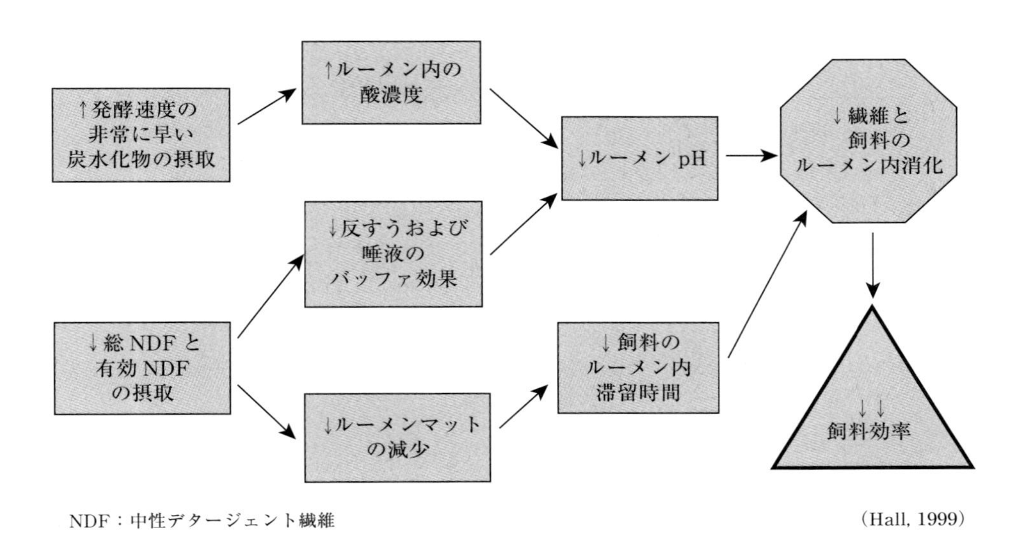

図1　ルーメンアシドーシスの発生機序

第Ⅳ章

ません。このような状態をSARAと呼び、ルーメン pHが5.2〜5.6となる時間が３時間／日以上を維持した場合であると研究者らは定義しています。

■恒久的なダメージ与えるSARA

SARAは臨床症状を示さないので、外部的な変化は認められませんが、ルーメン内では、発酵により発生した多量の有機酸(主に乳酸)のためにルーメン絨毛(じゅうもう)の炎症が起こります。１日数時間でも、SARAにより

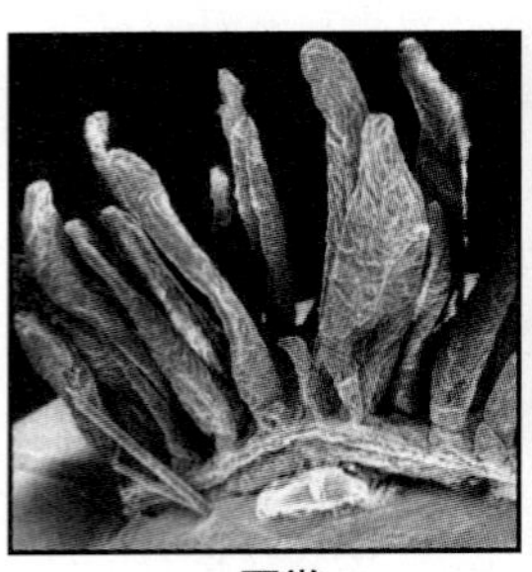
正常

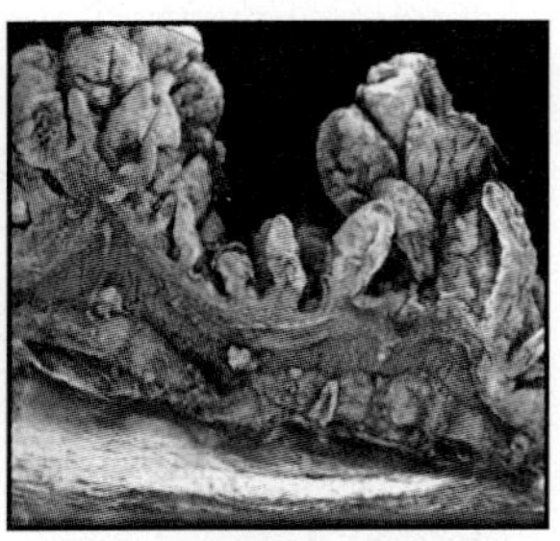
慢性第一胃炎による線維症

写真　慢性の第一胃炎で受けた絨毛のダメージ

毎日ルーメン絨毛が有機酸の刺激を受けると炎症によりルーメン絨毛は角化不全(パラケラトーシス)を発症します(**写真**)。この損傷はルーメン壁のバクテリア防御能を低下させ、ルーメン壁の血管内へのバクテリアの侵入を許す結果となります。

侵入したバクテリアは肝臓に達し、肝膿瘍(のうよう)形成の原因となり肝臓機能低下を招きその結果、乳房炎などの感染症の発生率を増加させます。さらに、肝臓を通過したバクテリアは肝臓と心臓との間の後大静脈に炎症を起こし、後大静脈血栓症を発症させることがあります。

この後大静脈血栓症から血栓が剥離すると血流により心臓を通過して肺に達し、肺動脈で血栓性栓塞(せんそく)を起こすことがあります。その結果、牛は肺炎症状とともに肺動脈が損傷すると鼻出血を呈することがあります。この場合は、肺からの出血なので両鼻孔からの出血が見られるのが特徴です。太い肺動脈が栓塞により破裂した場合は、多量の喀血(かっけつ)を伴い急死することがあります。

肝膿瘍や後大静脈血栓症などの疾病は慢性経過を取るため、臨床症状が現れるのはSARAを発症してかなり時間がたった後なので、両者の関連を推測できないで終わってしまうケースが多いのが事実です。このように、SARAは発生期間が非常に短く(数時間)ても、肝膿瘍、肺炎、蹄葉炎など牛に恒久的なダメージを与える疾病であるということが、理解されるようになってきました。

アメリカでは、SARAのことを「沈黙の泥棒(Silent Thief)」と呼ぶこともあり、その予防が非常に重要になってきています。

■蹄葉炎の発症とSARAとの関連

SARAと蹄葉炎との間に臨床的に強い関連性があると考えられていますが、SARAによる蹄葉炎発生のメカニズムについては完全に解明されているわけではありません。

SARAによるルーメン pHの低下は、ルーメンバクテリア叢(そう)を変化させてしまいます。特にグラム陰性菌は低いpHでは生存することができずに死んで菌数が減少してしまいます。グラム陰性菌が死ぬとエンドトキシンが多量にルーメン内に放出され、それがルーメン壁から吸収されると末梢(まっしょう)血管に作用し血管透過性や滲出(しんしゅつ)に影響を与えます。その結果、血流量の変化が起こり、血圧の上昇や血管壁の損傷が発生し、出血や血漿(けっしょう)成分の滲出の原因になります。

SARAが原因の末梢血管でのエンドトキシン増加は、蹄の血管の循環障害の原因となり、その結果、蹄の角質(血管なし)と末節骨(蹄骨)の間にある真皮層(血管あり)に出血や浮腫が起こり、それが蹄葉炎発症の一因となると考えられています。

また、ルーメン pHの低下はルーメン内でヒスタミンを多量に放出させるので、血管内に吸収されると、ヒスタミンもまた末梢血管を狭窄(きょうさく)や拡張させて血液循環に影響を与え、血管内圧を上昇させるために蹄葉炎発症の原因となる可能性があると考えられています。

しかし最近の研究では、蹄葉炎の発生原因

がSARAよりも分娩、泌乳、および硬いコンクリート通路などを歩かされることの方が高いとの報告もあります。従って、単純に「蹄葉炎の発生＝SARA」と結び付けることは難しいと思われますが、SARAが蹄の末梢血管の循環障害を起こすエンドトキシンを増加させる原因と考えられるわけですから、やはりSARAの発症を予防することは、蹄葉炎の発症リスクを低下させることになると思われます。

■飼料・栄養面から見た症状

SARAは臨床症状を示さないと説明しましたが、飼養管理上の視点で牛を観察すれば、意外と多くのSARA特有の症状を見つけることができます。次に栄養学的な視点からの症状を示しました。

- ルーメンpHの低下
- ルーメンの過剰運動あるいは停滞
- 反すうの減少
- 飼料摂取量の変動
- 同一飼料給与群において糞の状態に一貫性がない(下痢から硬い糞まで)
- 気泡を含む泡状の糞
- ムチン円柱やフィブリン状物質の糞中への出現
- 糞中への長い繊維(>1.27cm)の出現
- 糞中への未消化繊維の出現
- 糞中への未消化穀類(>0.6cm)の出現
- 飼料効率の減少
- 給与飼料に対して泌乳量の減少

これらの多くは、濃厚飼料の摂取量に比べ粗飼料の摂取量が少ないことによるルーメン発酵の異常、繊維消化の低下、あるいは過剰の炭水化物の大腸への流入および大腸発酵による大腸アシドーシスなどが原因で見られるものです。

■第一胃・第二胃内のpH変化

図2は、分娩後1カ月の初産牛の72時間のルーメンpHの変動をグラフに示したもので、この試験では「ルーメンpH5.8以下はSARA」と定義しています。給与時間は矢印で示し、13：30と16：00と変則的です。8月5～6日、6～7日、7～8日の乾物摂取量(DMI)は、16.0kg／日、15.6kg／日、14.1kg／日と減少傾向が認められました。それとともにルーメンpH5.8以下の時間が6.4時間／日、6.5時間／日、11.8時間／日と増加しています。ルーメンpHの変動は16:00の飼料給与後に急激に低下し、pH5.2付近にまで達していることが認められます。しかし、その後pHは6.0以上に回復しています。

このようにルーメンpH5.8以下が数時間続いている時間帯は明らかにSARAを発症しており、その間にルーメン壁が有機酸により炎症を起こし、グラム陰性菌が死滅しエンドトキシンがルーメン内に多量に発生しているのです。ですが、その後ルーメンpHは6.0以上に回復しているので、SARAは見過ごされてしまうケースが多いと考えられます。

岩手大学の佐藤繁先生のグループは、経口的に投与可能な無線伝送式pHメータ(以下、pHメータ)を開発して、10分間隔でルーメンpHを測定してSARAの発生状況を研究しています。NOASI山形の矢口尚子先生はpHメー

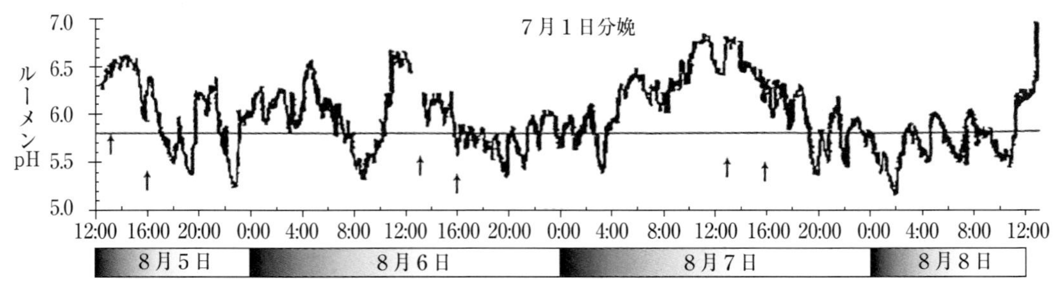

注1）↑は飼料給与時間を示す
注2）グラフ中の直線はpH5.8を示し、それ以下は潜在性ルーメンアシドーシスと認められる　(Beauchemins ら、2006)

図2　72時間における乳牛のルーメンpHの変動

第Ⅳ章

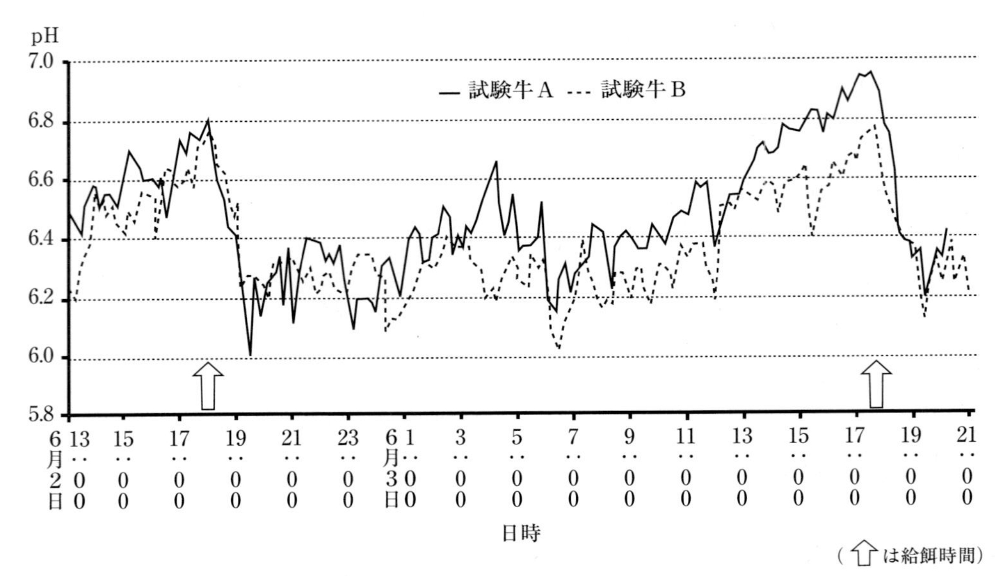

図3　試験A、Bの第二胃pHの日内変動（NOSAI山形、矢口尚子）

タを用いて、農場で発生したSARAについて報告しています。

図3は、AとBの２頭のpHメータによる第二胃のpHの変動を示したものです。なぜ第二胃かというと、経口投与したpHメータはルーメンを通過して第二胃に留置されるからです。第二胃pHはルーメンpHに比べて高い値を示しますが、第二胃pHとルーメンpHは正の相関があることが認められており、第二胃pH6.3以下が３時間以上を示した場合は、SARAが発症したと定義しています。

AもBも飼料給与後２時間でpH6.3以下に低下し、その後徐々に回復していますが、Aの方がBに比べてpHの回復が早いことが認められます。24日間の試験において第二胃pHの１日平均値は、AはpH6.3以下にはなりませんでしたが、Bは５日目以降からpH6.3以下であったと報告しています。同じ飼料を給与されているのに、SARAを発症する牛としない牛がいることは非常に興味深いことです。しかし、なぜAがSARAを発症しなかったのかは不明であり、ただ単に飼料摂取だけの問題ではないことが考えられます。これが農場でのSARAのコントロールを難しくしている点ではないかと思います。ともあれ、経口投与によるpHメータでルーメンpHを継時的に測定することで発症を的確に把握することができ、予防のための給与マネジメントの改善に生かせることができると思われます。

■ルーメン発酵と飼料給与

１）粗飼料の重要性を再認識する

SARAは急激なルーメン発酵が原因であるとされており、つい穀類の給与のみが重要と考えがちですが、実は粗飼料給与が予防には非常に重要です。粗飼料中には、中性デタージェント繊維（以下、NDF）が含まれており、ルーメンバクテリアは発酵によりNDFを分解して栄養素を生産しています。そして牛は、その発酵産物である酢酸などの低級脂肪酸（以下、VFA）をルーメン壁から吸収して脂肪や糖などの栄養源を生産しているわけです。

NDF給与の重要性をアルファルファと大麦の発酵の違いから考えてみます。

NDF40％のアルファルファ乾草１kgから供給される発酵性炭水化物約390ｇに対し、大麦１kgから供給される発酵性炭水化物は約430kgです。従って、大麦に比べアルファルファの総VFA生産量は約10％少なくなります。しかし、重要なことは、アルファルファは大麦に比べ発酵が非常にゆっくりであるということです。給与後２時間のアルファルファの発酵は22％であるのに対し大麦は36％。給与後３時間では、アルファルファ27％に対し大麦42％、さらに12時間後では、アルファルファがまだ45％なのに対し、大麦は72％も発酵されてしまっています。

このようにアルファルファなどの粗飼料のNDFは、発酵がゆっくりなため急激なVFA生産が行われず、長時間かけてVFAを生産することができるのです。それは、SARA発症の原因となるルーメンpHの急激な低下を防ぐためには非常に重要なことです。

さらにNDFはルーメンでファイバーマットを形成して、ルーメンの大きさを維持するとともに、ルーメン内で長く滞在した穀類などを発酵させる役目も果たしています。こうした機能を持つものを物理的有効NDF(以下、peNDF)と呼びます。peNDFとは、反すうおよびかみ返しを促進し、ルーメンpHに対しバッファー効果のある唾液分泌を増加させる機能的繊維です。peNDFが少なくなるとファイバーマット形成が不十分になり、ルーメン壁への刺激が減少するためにルーメンの動きが低下します。さらに、反すう回数が減少するのでバッファー効果のある唾液の分泌も減少し、ルーメンpHの低下を防ぐ機能も低下する結果となります。

粗飼料給与が重要であるということは、栄養素としてのNDFだけではなく、ルーメンの動きを維持するためのpeNDFも給与しているという意味なのです。

2)非繊維性炭水化物の発酵を理解する

非繊維性炭水化物(以下、NFC)とは、粗飼料や穀類に含まれる炭水化物中からNDFを取り除いたもので、でん粉、糖分、ペクチンなどが含まれます。**図4**はNFCの分画と、ルーメンでの発酵(消化性)の特徴を示したものです。NFCはルーメンバクテリアの栄養源となり成長を助けますが、糖分とでん粉は発酵速度が非常に速く、乳酸発酵に移行する可能性があります。

乳酸はルーメンで生成される発酵酸の一つで、通常はルーメンバクテリアが乳酸を利用してVFAに変えるので、ルーメン内に乳酸がたまることはありません。しかし、発酵が非常に早く、乳酸の利用よりも生成が上回ってしまうと、乳酸は酢酸やプロピオン酸などのVFAよりも10倍も強い酸なので、急激にルーメンpHを低下させSARAを発症させる可能性が出てきます。それに比べ、ペクチンやβ-グルカンなどは、発酵速度は早いが、ルーメンpHがある程度低下(約pH6.0)すると発酵が抑制されるので、SARAを発症させる危険性は少ないと考えられます。

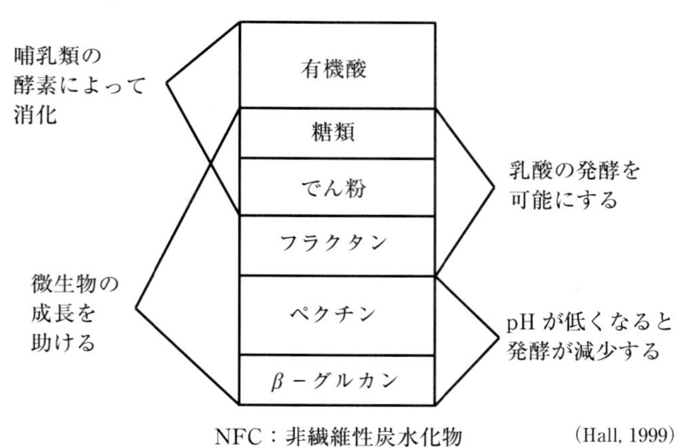

図4 NFCにおける消化性の特徴

このようにNFC中でも、糖分やでん粉、ペクチンやβ-グルカンとそれぞれの分画によって、発酵に特徴があるので、SARAを予防するためにはバランスを考えて給与する必要があります。

でん粉はルーメンバクテリアにとって非常によい栄養源であり、バクテリアタンパクの増加効率が一番高いので、NFC分画の中では最も多く給与されています。しかし、給与量を間違えると乳酸発酵に移行するので注意が必要です。トウモロコシや大麦などでん粉を多く含む穀類は、熱処理などによりでん粉をアルファ化して、ルーメンでの発酵性を高めています。

表は、トウモロコシと大麦の加工法によるルーメンでの発酵速度を飼料設計プログラムであるCPM—DairyとAMTSで比較したものです。

スチームフレークトウモロコシでも加工法により発酵速度が10%も異なっていることが分かります。さらに、AMTSでは発酵速度が修正されかなり遅くなっていることも分かります。このように発酵速度の違いを理解せずに給与すると、ルーメンでの発酵速度をコントロールすることができずに、SARAを発症させてしまう原因になってしまいます。

そして、もう1つ注意すべきことは、大腸アシドーシスです。発酵速度が遅いトウモロコシを給与した場合は、ルーメンで消化され

表　加工法の違いによるトウモロコシと大麦のルーメンでの発酵速度

種類	ルーメンの発酵速度（%／時間）	
	CPM−Dairy	AMTS
トウモロコシひき割り	10	10
トウモロコシミール粗目	20	10
トウモロコシミール中目	25	12
トウモロコシミール粉砕	30	15
スチームフレークトウモロコシ（22lb）	45	30
スチームフレークトウモロコシ（24lb）	40	25
スチームフレークトウモロコシ（28lb）	35	20
スチームロールトウモロコシ（34lb）	31	15
スチームロールトウモロコシ（38lb）	27	12
スチームロールトウモロコシ（42lb）	23	10
大麦フレーク	40	40

注 1）数字はトウモロコシ1ℓ当たりのかさ重量を示し、数字が小さくなるほど加工程度が増し発酵速度が速くなる
2）lb はポンドの略
3）CPM − Dairy：アメリカ・コーネル大学の飼料設計システム。CNCPS Ver.4 を基に2003 年に作成された飼料設計プログラム
4）AMTS：アメリカ・コーネル大学の飼料設計システム。CNCPSVer6.5 を基に 2015 年に作成された飼料設計プログラム

ずに大腸まで到達し、そこで発酵する場合があります。これが大腸アシドーシスです。

大腸アシドーシスになると、大腸内のpHが低下するために大腸粘膜が損傷し、気泡を含む下痢を発症します。また大腸アシドーシスは、突然死を引き起こす出血性腸症候群（HBS）の発症の原因となるクロストリジウムなどの細菌を増殖させる一因となると考えられています。

でん粉は、ルーメンでのエネルギー生産やバクテリアタンパク増加のためには非常に良い栄養源ですが、SARAを発生させやすい側面もあるので、トウモロコシの発酵速度をしっかりと把握して給与する必要があります。

■分娩後の給与マネジメント

SARAの発症リスクが高くなる時期は分娩後２週間といわれます。それは、乾乳期間に粗飼料中心の給与をしていたために、ルーメンバクテリア、特に乳酸を利用するバクテリアの活動が低下しているためだと考えられます。そのために分娩後にでん粉を多く含む濃厚飼料を給与されると、乳酸の処理ができずSARAを発症してしまいます。

従って、分娩後は急激に濃厚飼料の給与量を増加せずに、分離給与の場合などは約６週間をかけて増加させるべきとの指摘があります。ただ、この６週間にはあまり捉われるべきではなく、重要なのは分娩後の粗飼料摂取量を減少させずに濃厚飼料を増加させるということです。

TMR給与マネジメントで重要なことは、選び食いと固め食いを予防することです。選び食いとは、TMRの濃厚飼料だけを選んで食べることです。予防は、粗飼料の切断長を牛の口幅より短い5.0～7.5cm以下にして、食べやすくすることです。同時に濃厚飼料が粗飼料にしっかりと付着するよう加水することです。

固め食いとは、一度に多量のTMRを摂取してしまうことです。予防は常にTMRが摂取できる状態にしておくこと。通常、牛は１日当たり９～14回採食するので、食べに来た時にTMRがあるような餌押しが重要になってきます。特に、新鮮なTMRの給与後ほど摂取量が多いので、餌押し間隔は短くすべきだと考えられ、給与後30分以内に行わないと、牛が十分に食べられない状態になる場合があるので注意が必要です。

蹄病の予防

第Ⅳ章 3　ルーメンアシドーシスを軽減する粗飼料と給与

阿部　亮

乳牛の第一胃(ルーメン)は大きな発酵タンクで、ルーメン液1mℓ中には細菌が10億～100億個、原虫(プロトゾア)が10万～100万個も生息しています。細菌は飼料の炭水化物を自己の増殖のために分解・利用しますが、その代謝産物である揮発性脂肪酸(酢酸、プロピオン酸、酪酸など)はルーメンの上皮粘膜細胞から乳牛の体内に吸収され、乳牛の体の維持と牛乳生産に利用されます。生成される酸の量が適切な量であればいいのですが、今のように穀類、でん粉が多給される状況では、でん粉の分解速度は牧草・飼料作物の繊維よりもはるかに速いので、単位時間当たりの酸の生成量が多くなり、ルーメンpHを酸性に傾けてしまい、ルーメンアシドーシスになるリスクが高まり、蹄病の原因ともなります。

ルーメンの酸性度はルーメンpHで評価され、一般的に適正なpHは6.2～6.5の間といわれています。この範囲にルーメンpHを保持する大切な役割を持つのが粗飼料です。

■胃内pHとルーメンアシドーシス

乳牛の第一胃と第二胃は通常では規則正しい双方向の運動が繰り返されて内容物が攪拌(かくはん)されています。しかし、胃内容物は長さや粒度が異なる固形部分と液状物の混合物なので必ずしも均一にはならず、pHも部位によって変動するようです。そこで、ルーメンpHの測定の部位は内容物がよく攪拌されている腹嚢(ふくのう)部がよいとされ、最近では、この部位にpHセンサを設置してpHの連続測定ができるようになりました。さて、ルーメンアシドーシスには急性ルーメンアシドーシス(ARA)と亜急性(または亜臨床性)ルーメンアシドーシス(SARA)の2つがあり、ARAのpHは5.0～5.2、SARAのpHは5.5～5.8の範囲という報告があります。ここでは、亜急性ルーメンアシドーシス(SARA)を視野に置きながら話を進めます。

■穀類・でん粉の給与と発症のリスク

2011年のある研究報告を紹介しましょう。8頭の泌乳牛を用いて行った試験です。基礎飼料(粗飼料)はアルファルファ乾草15%、アルファルファサイレージ12%と大麦サイレージが58%です。これに穀類として15%、30%、40%の大麦を大麦サイレージと置き換え、基礎飼料を含めて4つの試験区を設定しました。特徴的なことは❶ルーメンpHは大麦配合区で特に低下した❷ルーメン中のエンドトキシン濃度は30%以上の大麦を配合した区では8.87μg/mℓにまで上昇した❸大麦45%区の血漿(けっしょう)中グルコースと乳酸の濃度は上昇し、一方、β－ヒドロキシ酪酸や遊離脂肪酸(NEFA)濃度が低下した❹ルーメン中のエンドトキシン濃度が上昇すると、血漿中の乳酸濃度が上昇し、β－ヒドロキシ酪酸およびNEFA濃度が低下するという相関関係が認められた❺血漿中の乳酸濃度の上昇はルーメンのエンドトキシンの上昇によって93%説明可能―というものでした。

エンドトキシンというのは「内毒素」ともいわれ、ルーメン内のpHが低下することによって死滅したグラム陰性細菌の細胞壁に含まれるリポ多糖のことをいいます。エンドトキシンは体内に吸収され、乳牛に対して種々の負の作用をします。蹄葉炎については教科書で、「ルーメンアシドーシスのような際には、多量の乳酸あるいはヒスタミンが形成され、それが蹄真皮に密に分布している毛細血管に作用して、うっ血と滲出(しんしゅつ)性の蹄皮炎を起こすため、局所の神経を刺激して激しい疼痛(とうつう)を生ずる」とされています。

この試験では、給与飼料中に大麦のでん粉を増加させることででん粉からのプロピオン酸生成量を高め、それによってエネルギーバランスが改善され、ケトーシスの原因となるβーヒドロキシ酪酸が減少するなどのプラスの側面がある一方で、ルーメンアシドーシスのリスクが高まっています。穀類は乳牛にとっては諸刃の剣ですね。

■飼料の違いでpHはどの程度下がるのか

2つの試験結果を紹介しましょう。

①乳牛6頭を用いて、pHの連続測定器をルーメン内に投入してデータを採取した。給与飼料は3つで、対照区が粗濃比70%の粗飼料多給与、試験区は2つで、1つは対照区の飼料の34%を穀類で置き換えた区、もう1つは対照区の飼料の34%を粉砕したアルファルファのペレットで置き換えた区である。

その結果、ルーメンpHが5.6以下になった時間帯は対照区、穀類区、アルファファルファペレット区でそれぞれ、56.4分、298.8分、225.2分であった。

②朝の9時と夜の9時にTMRを給与した後のルーメンpHが測定されている。TMRの混合内容はアルファルファサイレージが25%、大麦サイレージが25%、そして濃厚飼料が50%で、乾物中のNDF含量が39.2%、NFC(非繊維性炭水化物)含量が29.0%である。

その結果、ルーメンpHは全頭とも5.6以下にはならなかった。また、朝給与区ではルーメンpHは5.8以下にはならなかったが、夜給与では5.8以下になる時間帯が115分であり、飼料給与後6時間までの夜給与区のルーメンpHは朝給与区より低下し、揮発性脂肪酸濃度も朝給与区よりも上昇した。

■管理内容を考慮した飼料設計

ルーメンpHを6.2〜6.5の適切な範囲内に常に維持するのは、今の穀類多給の時代では大変なことが前記の研究報告などから理解できます。穀類、でん粉のルーメンでの分解速度はトウモロコシ(乾燥・粉砕)は1時間当たり22%程度ですが、イネ科牧草の繊維では5〜7%程度です。従って、中庸なルーメンpHにより近づけるためには、繊維とでん粉の給与飼料中の含量(比率)を飼料設計の段階で設定することが最初に必要です。その比率を昔から粗濃比と呼んでいますが、現在では、繊維(NDF)とでん粉の給与乾物中の含量で規定されるのが一般的です。その推奨値は乳成分含量、特に乳脂率と乳タンパク質率を指標として、あるいはルーメンpHとルーメン内の酢酸対プロピオン酸の割合を指標として設定されています。

例えば、乳脂率3.5%以上を確保するためには、酢酸が60%でプロピオン酸が20%を維持する—などです、そして現在、乾物中35%前後のNDF含量で、でん粉含量は20〜25%という範囲に収めるというのが飼料設計の基本になっています。この比率の設定のためには、配合飼料とビートパルプなど購入飼料のでん粉含量、NDF含量は購入先に問い合わせ、粗飼料については自給飼料分析表(報告書)を基礎とします。

しかし、これが金科玉条ではありません。ルーメン発酵を正常に維持するための「1つの枠組み」と考えるべきでしょう。ルーメンpHの制御のためには「粗飼料の採食性」「TMRか分離給与か」「濃厚飼料の給与回数」「穀類でん粉の質、トウモロコシか大麦か」「サイレージの乳酸含量」「乳量水準」についても考えなければなりません。

日常的にこれら、種々の状況を観察し点検しながら、定めた粗濃比の適否を判断し、改善を加えることが大切と考えます。

■粗飼料品質と乾物摂取量の関係

牧草サイレージについてこの問題を考えてみましょう。皆さんが調製されている牧草サイレージの品質はどのようなものでしょうか。**表1**は北海道のある地域で調製された46点のチモシーサイレージの化学組成の基本統計量を示したものです。成分の酪農家間の差異が大きいということが分かります。これを良品質、中品質、低品質に区分して、細かな分

表1　北海道のある地域の46点のチモシー・チモシー主体サイレージ（1番草）の化学組成の分布（乾物中%）

	粗タンパク質	ＴＤＮ	ＮＤＦ	低消化性繊維(Ob)
平均値	11.3	58.5	67.2	58.7
変動範囲	8.6	9.2	15.7	20.4
最小値	7.5	54.1	59.1	48.4
最大値	16.1	63.3	74.8	68.9

TDN：可消化養分総量　NDF：中性デタージェント繊維

表2　46点のサイレージ（表1）から3つを選び比較した結果

	良品質	中品質	低品質
化学組成(乾物中%)			
粗タンパク質	12.0	11.5	8.1
ＮＦＣ	18.5	12.2	12.4
ＮＤＦ	61.1	69.0	74.8
高消化性繊維(Oa)	13.0	10.3	7.2
低消化性繊維(Ob)	48.4	57.5	68.9
栄養価(乾物中%)			
ＴＤＮ	62.4	57.5	54.5
可消化炭水化物	49.5	46.2	48.6
摂取量(kg)			
乾物摂取量	12.1	9.9	7.2
可消化炭水化物	6.0	4.6	3.5

NFC：非繊維性炭水化物　NDF：中性デタージェント線維　TDN：可消化養分総量

析を加えたのが**表2**です。良、中、低の違いはまず乾物摂取量に見られます。良品質と低品質では5kgも違います。良品質は低品質よりも刈り取り時期が早いということが低消化性繊維の含量から分かります。TMRの給与では給与乾物の総摂取量は早刈り牧草サイレージ給与の方が遅刈り牧草サイレージ給与の場合よりも多い。例えば、牧草サイレージ51%、濃厚飼料49%の混合のTMRの乾物摂取量を見ると、6月12日刈りのサイレージ給与区が20.7kgの乾物摂取量であったのに対して、6月28日刈りのサイレージ給与区が17.7kgという試験成績があります。

刈り取り時期の早晩はなぜ、乾物摂取量に影響を及ぼすのでしょうか。2つ理由があります。1つは、早刈りは高消化性繊維の含量が高いために繊維の消化速度が速いということ、もう1つはリグニン含量が少なく繊維が柔らかいために咀嚼(そしゃく)によってより速く小さな繊維片に破砕され第四胃への流失が速くなる、その両方の理由が相まって、ルーメンの膨満度が解消される時間が短くなり、結果的に乾物摂取量が増加するのです。

この考察を別の試験で確認しましょう。イネ科牧草サイレージの乳牛での試験です。NDF含量が乾物中54%で高消化性繊維含量が14.4%のものとNDF含量は63%で高消化性繊維含量が6.9%のサイレージの比較です。

サイレージ乾物のルーメン内の滞留時間はNDF54%のものが19時間であるのに対して

NDF63％のものは30時間であり、乾物摂取量は低NDF含量のサイレージが高NDF含量のサイレージよりも2.2kgも高かったという結果です。NDF含量と乾物摂取量やTDN含量との関係は、チモシーサイレージもイタリアンライグラス乾草も、またチモシー乾草でも北方系のイネ科草では、共通で普遍的なものです。良品質のものをつくったり、購入することを目指してください。それが、ルーメンアシドーシスのリスクを回避する最初の技術課題だと考えるからです。

■粗飼料の切断長と乾物摂取量

刈り取り時期が同じでも、粗飼料の切断長が短いほど乾物摂取量は高まります。これはイギリスの報告ですが、ペレニアルライグラスのサイレージを用いた試験です。刈り取り時期や水分含量を同じくしながら、切断長が72ｍｍ、17.4ｍｍ、9.4ｍｍのサイレージを調製し、乳牛での採食試験が実施されています。その結果、切断長の短いサイレージの採食・反すう時間は切断長が長いものよりも短く、乾物摂取量は72ｍｍ区が6.97kg、17.4ｍｍ区が8.34kg、9.4ｍｍ区が9.24kgと大きな違いが見られます。このデータはバンカーサイロに詰め込む際に参考になりますね。

■濃厚飼料の給与回数とルーメン性状

酪農家の皆さんの中には配合飼料を自動給餌機で１日何回にも分けて給与されている方がおります。それはどのような利点をもたらすのでしょうか。

有名なオランダでの試験成績を紹介しましょう。濃厚飼料の給与回数を１日２回と６回で比較しています。何を比較しているかというと、ルーメンでの微生物タンパク質の合成量です。先に結果を見ますと、ルーメン発酵性炭水化物１kg当たりの微生物タンパク質生成量は２回の給与が138ｇなのに対して６回の給与は325gと2.36倍です。

ルーメンpHの振幅は濃厚飼料の給与回数が少ない、つまり１回のでん粉の給与量が多いほど大きく、pHをより低く押し下げてしまうけれども、多回給与では１回の採食後のpHの低下と回復の振幅度合いは小さい。そしてルーメン細菌の多くは、より高いpH下でその増殖量は多くなる。そういった解釈がこの試験の考察としてできますがそれは当然、ルーメンアシドーシスのリスクを回避する手段にもなります。

■ふるいを使い選択採食を判断

配合設計通りに粗飼料と濃厚飼料を均一に、選択採食せずに食べているかどうか。それは分離給与の場合には一目瞭然ですが、TMRでは、そう簡単には評価できません。

以前、筆者が日本大学にいたころ、栃木県塩原市（当時）のフリーストールの酪農場に学生を連れて調査に行ったことがあります。４日間ほどでしたが、飼槽の飼料を経時的に採取してNDFの含量を測定しました。見た目には変わりがありませんでしたが、時間の経過に伴って確実に残食中のNDF含量は増加していました。残食のNDF含量を測定するのは日常の作業の中では不可能ですが、今は口径の異なるふるいを使って、給与前の飼料と残食をそれぞれにふるい分け、粒度・粒径の大きな飼料区分（粗飼料）と粒度の小さな飼料区分（濃厚飼料）の重量比率によって、設計値と実採食値の違いが判定できるようです。これはぜひ、実施されるとよいと思います。

■暑熱感作時は粗飼料採食が低下

夏季の暑熱時には胃運動が停滞し、そのために反すう・咀嚼（そしゃく）の時間が短くなり、粗飼料によるルーメン膨満度解消までの時間が長くなり、飼料摂取量が減少してしまいます。問題はこの時、粗飼料の採食量の低下の比率が濃厚飼料の採食量の低下比率よりも大きくなってしまい、結果として、ルーメンアシドーシスのリスクを高めてしまうことです。

分離給与下での実際の成績を見ましょう。18℃と30℃の環境下の比較ですが、18℃の採食量を100とすると、30℃では濃厚飼料の採食比率は18℃に対して70％なのですが、乾草は61％と約10％も粗飼料の比率が低下するのです。ですから、夏場には特別あつらえの良質な粗飼料を準備したり、切断長を短くしたりする手当てが必要でしょう。

【引用文献】

1)梶川博、ルーメンの中をのぞいてみよう、デーリイ・ジャパン臨時増刊「ルーメン7」、デーリイ・ジャパン社、2003

2) J.R. Ashenbach et al. 反芻動物の栄養シンポジウム：ルーメン pHの制御における有機酸の吸収の役割、J. Animal Sci., 89,1092 (2011)(科学飼料抄訳、56巻12号、2011)

3) Q. Zebeil et al. 易発酵性炭水化物を豊富に含む飼料を給与した乳牛におけるルーメンエンドトキシンの増加による代謝産物の変化、 J. Dairy Sci., 94,2374,2011(科学飼料抄訳、56巻10号、2011)

4) S. Lie et al. 亜臨床性ルーメンアシドーシス(SARA)の発症がルーメンと下部消化管における発酵およびエンドトキシンに及ぼす影響、 J. Dairy sci., 95,294,2011(科学飼料抄訳、57巻6号、2012)

5) A. Nikkhah et al. 泌乳牛における飼料給与時間(朝と夜)の比較、Can. J. Animal Sci., 91,113,2011(科学飼料抄訳、59巻2号、 2012)

6) M. N. Table et al. 生育期の異なるグラスサイレージおよび濃厚飼料中のデンプン源を組み合わせたTMRが乳牛の乳生産に及ぼす影響と交互作用、Animal、7,580、2013(科学飼料抄訳、58巻10号、2013)

7)甘利雅拡ら、乳牛におけるイタリアンライグラスロールベールサイレージの自由摂取量と飼料成分、第1胃滞留時間、消化率、消化速度との関係、日本草地学会誌、41巻3、4号、2000

8)阿部亮、乳用牛ベストパフォーマンス実現のために、平成27年度乳用牛ベストパフォーマンス実現セミナー資料、家畜改良事業団、平成28年2月29日(札幌市)

9) M. E. Castle et al. Silage and milk production：Comparison between grass silage of three different chop length、Grass and Forage Science、34,293,1979

10) S. Tamminga, Neth. J. Agric. Sci., 29, 273、1981

11)栗原光規ら、九州農業試験場報告(暑熱感作)、29、1995

第V章

繁殖からのアプローチ

第Ⅴ章 繁殖からのアプローチ

1 繁殖成績をアップする栄養と管理

木田 克弥

■高泌乳牛における繁殖障害

㈳北海道酪農検定検査協会によれば、 乳牛の年間乳量は過去20年間に1,200kg増加しました。しかしながら、その一方で、分娩間隔は1カ月余り延長し（**図1**）、疾病発生率も依然高値です。乳量の増加は、1990年代に一気に開花した後代検定による遺伝的改良のたまものであり、これは、乳牛頭数の増加に比例していた北海道内の総生産乳量が90年代以降は、飼養頭数が横ばいであるにもかかわらず増加していることからも明らかです。

一方、この間の濃厚飼料給与量は、2007～09年に勃発した飼料穀物価格の高騰時にやや減少したものの、基本的に乳量増加に比例して増加を続けており（**図2**）、今日の高泌乳牛の飼養技術とは、まさしく濃厚飼料多給技術といっても過言ではありません。

牛に濃厚飼料、特に高でん粉飼料を多給するとルーメンアシドーシス（第一胃異常発酵）が引き起こされ、蹄葉炎を誘発することが知られています。北海道内のつなぎ飼いで濃厚飼料分離給与を行っている酪農家で実施した濃厚飼料給与方法と蹄病に関する調査（筆者ら、未発表）によれば、蹄底の病変（潰瘍や出血の痕跡）が多く認められた牛群では、分娩後の1日当たりの濃厚飼料増給量が多く、また毎日の濃厚飼料給与回数が少ない（1回当たり給与量が多い）ことが確認されました（**図3**）。

以上の事実から、今日の高泌乳牛における

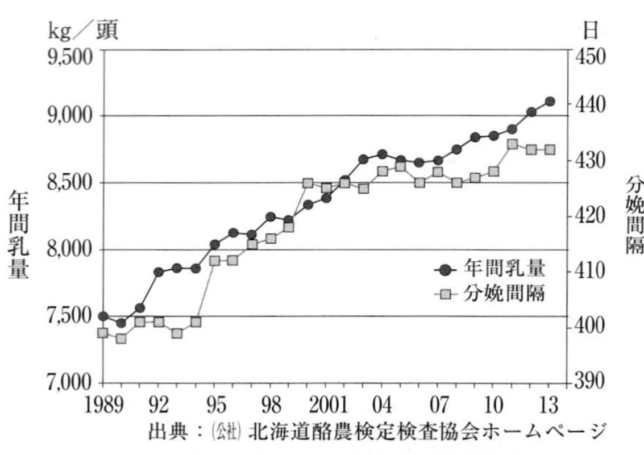

図1 年間乳量と分娩間隔の推移（北海道）

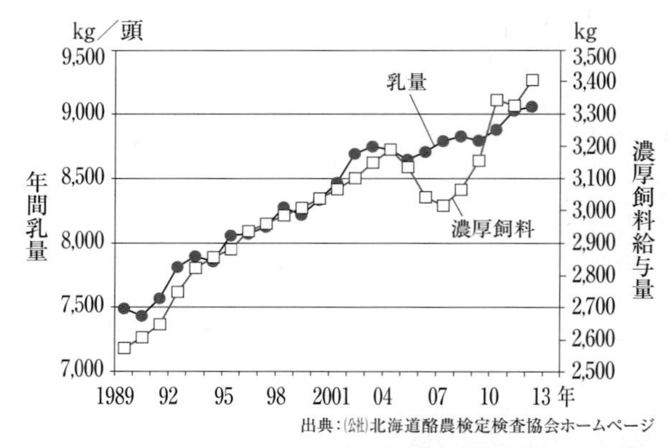

図2 1頭当たり年間乳量と濃厚飼料給与量（北海道）

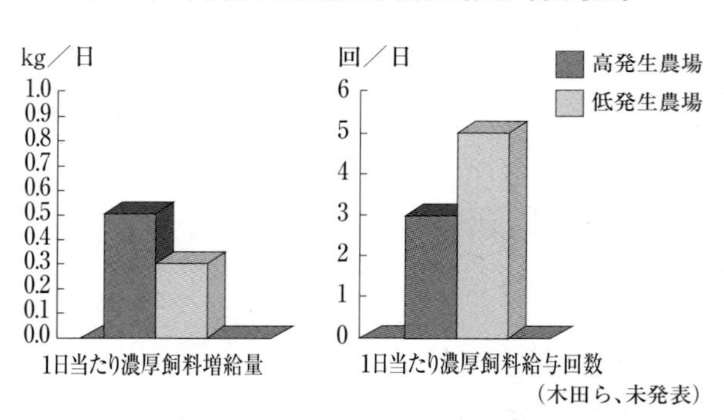

図3 蹄病発生率と分娩後の濃厚飼料給与（9戸の野外調査データ）

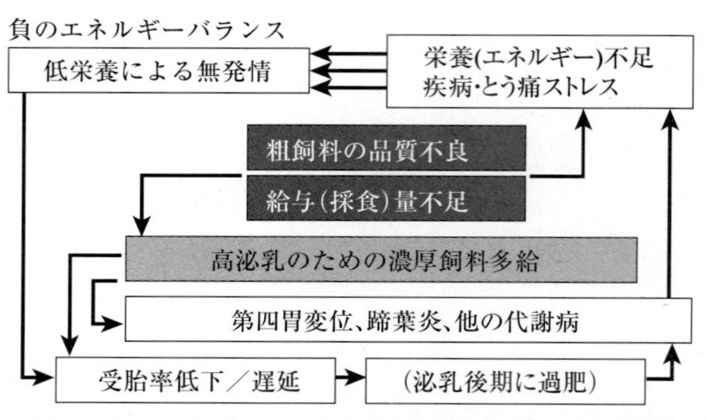

図4 今日の乳牛における飼料給与と生産病の関係

繁殖障害と他の生産病との関係を整理すると（**図４**）、❶高泌乳に伴うエネルギー不足が乳牛を無発情に陥らせて受胎の遅延を招き❷泌乳後期が延長して過肥に陥りやすくなる❸過肥は周産期の代謝病を誘発し❹結果的にストレスとして不受胎を招く❺酪農家は高泌乳を達成するために濃厚飼料を多給し❻乳牛はしばしば第四胃変位や蹄葉炎に陥り、これもまたストレスとして乳牛を不妊に陥れる―という負の連鎖が想定されます。

では、この負の連鎖の源は何でしょうか？

筆者は、乳牛の遺伝的能力と飼養管理技術が進化した一方で、粗飼料の品質および給与量が置き去りにされてきたことこそが、今日の高泌乳牛の不妊症の根本的問題であると考えています。

■濃厚飼料増給速度の違いと繁殖への影響

筆者らは、一般の酪農家でしばしば見受けられる分娩後の濃厚飼料増給方法を再現し、第一胃発酵と健康や繁殖に及ぼす影響を調査しました。すなわち、分娩後７日目から濃厚飼料増給を行い、濃厚飼料の増給速度を１日当たり１kg（Ｈ群）と0.5kg（Ｃ群）で乳牛を飼養し（両群ともに最大給与量は初産牛で10kg、２産以上牛で12kg）、その後の生産病と繁殖成績を調査しました。

その結果、両群間で体重と乳量には差は認められませんでした（**図５、６**）。しかし、第一胃液中の酢酸プロピオン酸比（Ａ／Ｐ比）はＨ群で顕著に低下しました（**図７**）。酢酸は主として繊維の分解により、プロピオン酸はでん粉の分解によりつくられるVFAであり、Ａ／Ｐ比の低下は粗濃比の低下、そして第一胃液pHの低下を意味します。第一胃液pHが低下すると、第一胃微生物が死滅し、その結果、微生物の細胞壁構成物であるリポ多糖、すなわちエンドトキシンが放出され、このエンドトキシンが血中に移行すると、乳牛は脂肪肝や蹄葉炎を発症します。

本実験においても、第一胃液中のエンドトキシンはＨ群で有意に上昇しました（**図８**）。

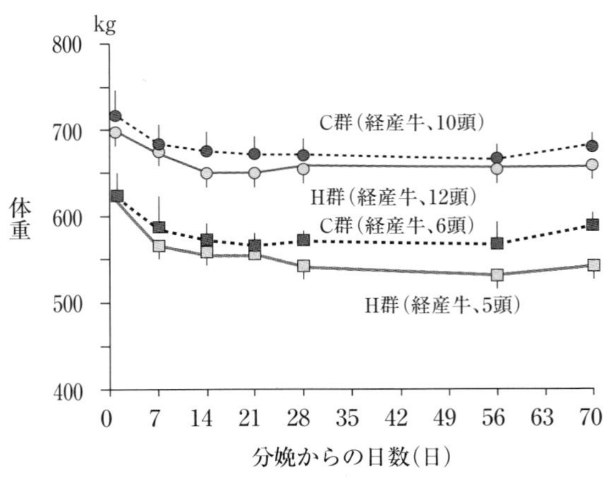

図５　体重の推移

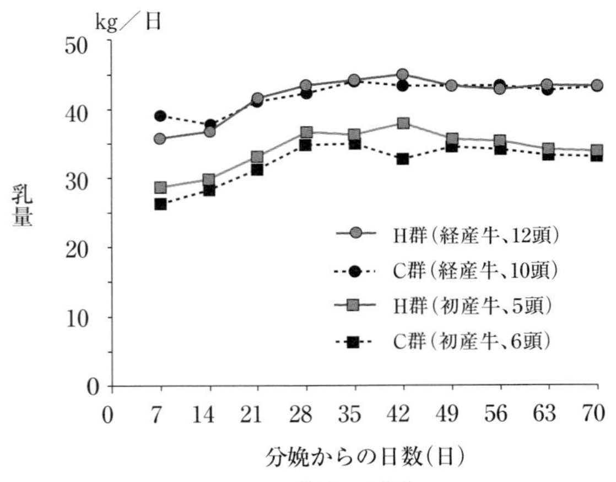

図６　乳量の推移

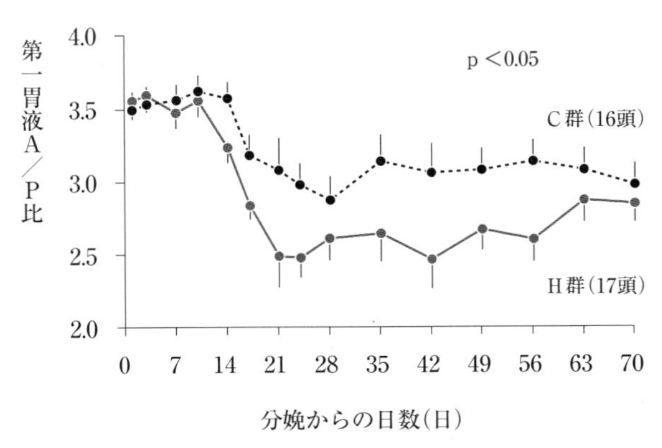

図７　第一胃液Ａ／Ｐ比の推移

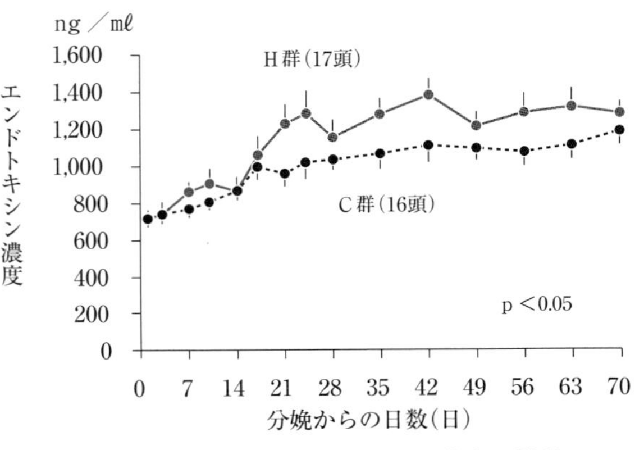

図８　第一胃液エンドトキシン濃度の推移

そして、繁殖成績と疾病発生状況を見ると（**表**）、H群ではC群よりも、分娩後7週までに正常性周期を回復した牛が少なく、蹄葉炎を発症した牛が多くなりました。そしてH群では、第一胃液中および血中エンドトキシン濃度がC群よりも高値でした（**図9**）。なお、興味深いことに血液検査では、H群がC群よりも低血糖や高ケトン体などエネルギー不足を示す牛が少なく、エネルギー状態は良好だったのです。ということは、このような〝食い止まり〟にならない程度の濃厚飼料増給、すなわち、1日当たり1kgの（急激な）濃厚飼料増給は、一見、乳牛のエネルギー状態を良好にさせているものの、第一胃発酵をかく乱し、健康や繁殖に悪影響を及ぼすのです。

表　繁殖と疾病成績

単位：頭

	H群 n＝17	C群 n＝16	p値※
正常性周期回復	6	11	0.084
蹄葉炎	4	0	0.103

※Fisherの直接法

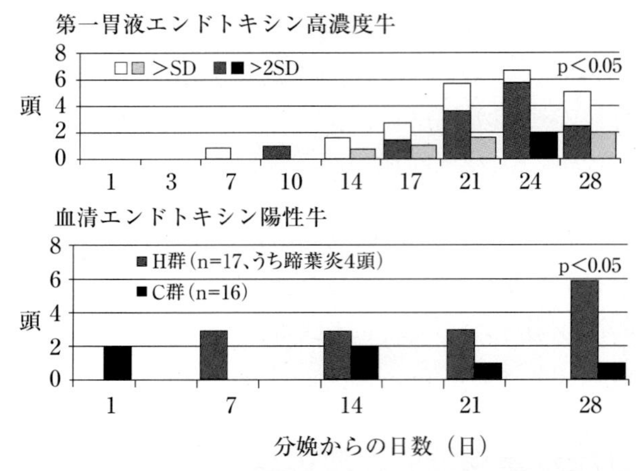

図9　第一胃液および血中エンドトキシン濃度の高い牛

■サイレージ品質が健康状態を左右

サイレージが変質するとタンパク質が分解され、アンモニアなど揮発性塩基態窒素（VBN）の割合が高まります。このような変質飼料の給与は、乳牛の第一胃内アンモニア濃度を高め、乳中尿素窒素（MUN）濃度の上昇を招きます。帯広畜産大学畜産フィールド科学センター（乳牛約200頭飼養、常時搾乳頭数75頭、平均日乳量30～35kg）では、日々の乳量とMUNの関係をグラフ化して栄養管理の点検に活用しています（**図10**）。サイロの切り替え前後において、しばしばMUN濃度が上昇し、同時に乳量低下が観察されます。こ

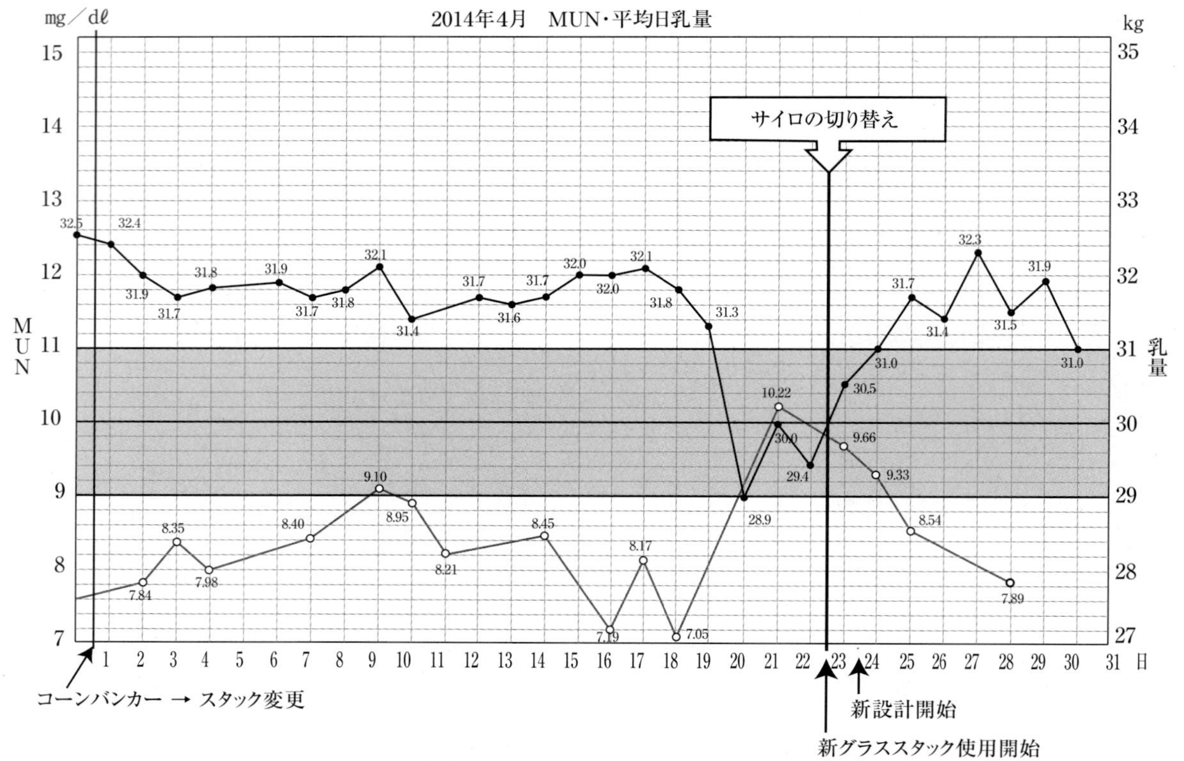

図10　帯広畜産大学農場におけるMUNと乳量の推移

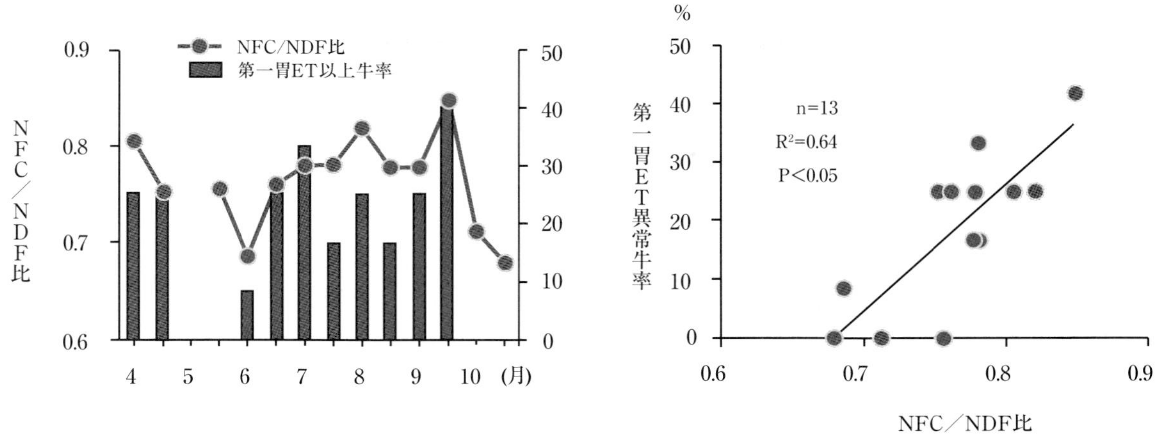

図11　TMRの成分変動とエンドトキシン(ET)異常牛率の関係

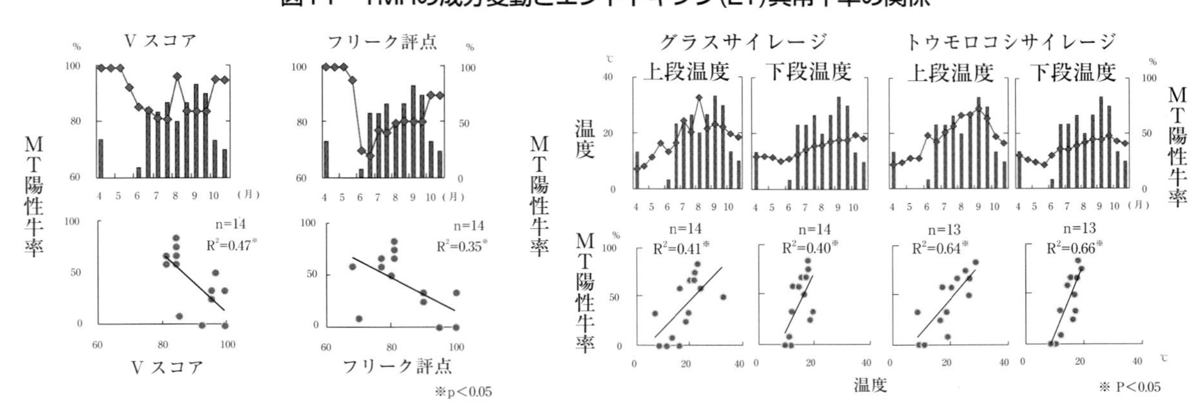

図12　グラスサイレージ品質と第一胃液中マイコトキシン(MT)陽性牛の割合

図13　サイレージ貯蔵温度と第一胃液中マイコトキシン(MT)陽性牛の割合

れは、バンカーサイロの壁際や開封直後の取り出し部などでサイレージが変質していたことを意味します。そして、このような飼料の給与が、この例のように乳量を低下させたり、疾病の発生や不受胎にさせたりすることを多くの酪農家は経験されていると思います。

そこで、このメカニズムをより詳細に解明することを目的として約半年間、毎日のサイレージおよびTMRの品質変動と第一胃液中エンドトキシンやマイコトキシン濃度、そして疾病と繁殖成績を調査しました。

TMR製造時に、材料であるサイレージの水分変動を調節しないと、その乾物構成比が変動します。サイレージに雨水などが混入すると、相対的に乾物率が低下するため、TMR中の中性デタージェント繊維(NDF)濃度が低下してしまい、結果的にでん粉過剰によるルーメンアシドーシスを招きやすくなります。**図11**は、２週間ごとのTMR中のNFC／NDF比の平均値(折れ線グラフ)と、第一液中エンドトキシンが高濃度の牛の割合(棒グラフ)、および両者の相関を示します。調査期間中、豪雨によりサイレージが冠水し、水分含量が多くなるという事故が起きました。その結果、NFC／NDF比が上昇し、それに伴いエンドトキシンが上昇していました。これは、前述の泌乳初期の濃厚飼料急増と同様の現象なのです。

カビ毒(マイコトキシン)もまた、乳牛の健康に悪影響を及ぼすことが知られています。第一胃液中のマイコトキシン濃度を調べたところ、サイレージ品質(Vスコアとフリーク評点)の低下に伴いフモニシンの検出割合が高まっていました(**図12**)。そしてこのマイコトキシンは、グラスサイレージおよびトウモロコシサイレージ共に貯蔵温度との間に強い正の相関が認められ、夏季のサイレージ温度の上昇の影響を強く受けていることが確認されました(**図13**)。また、この調査結果から、サイレージの貯蔵温度は20℃以下に保つべき

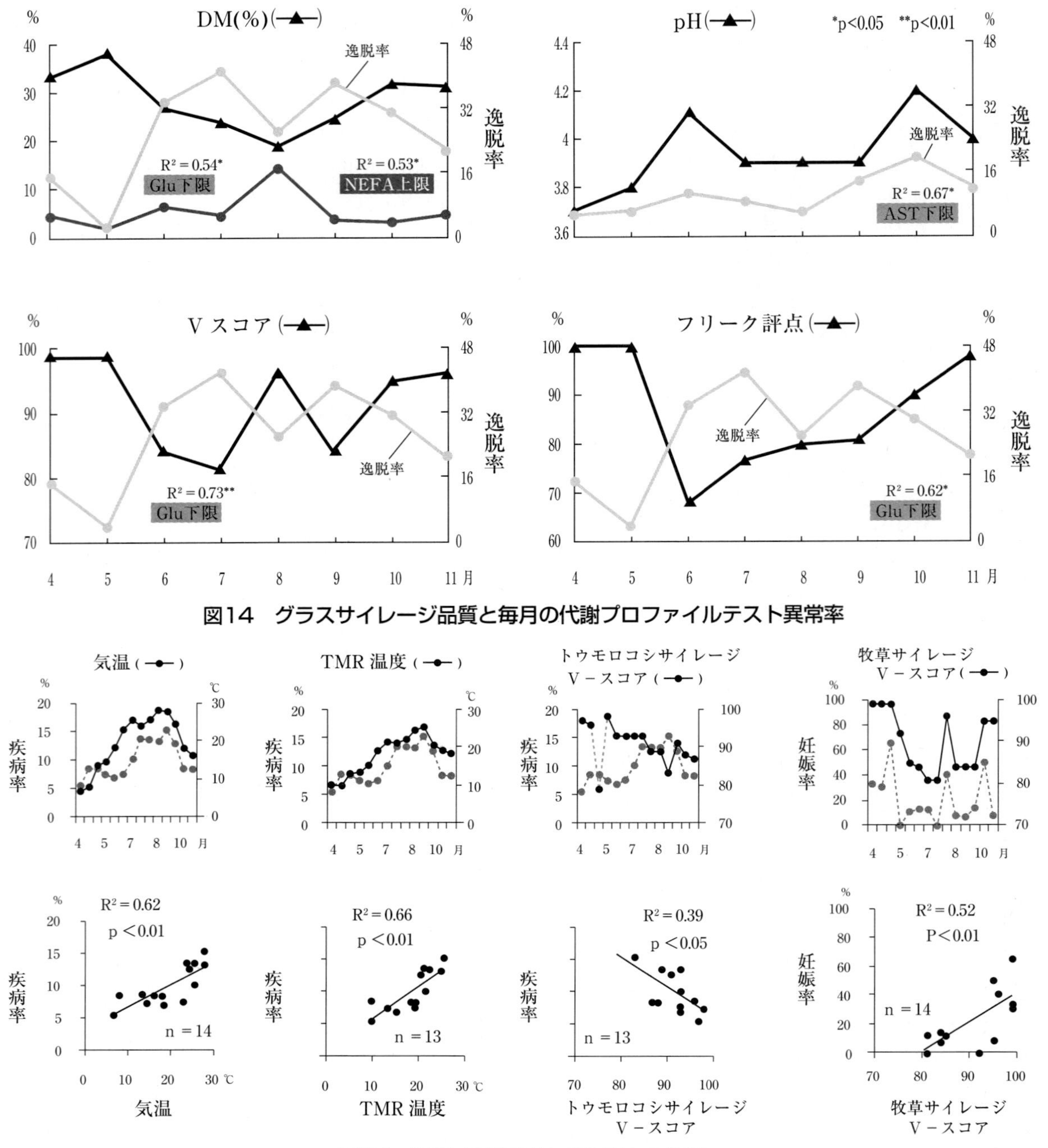

図14　グラスサイレージ品質と毎月の代謝プロファイルテスト異常率

図15　気温・飼料品質と疾病率との関係

と考えられました。

調査期間中、毎月、全搾乳牛を対象に実施した代謝プロファイルテスト（**図14**）では、サイレージの乾物率の低下に伴い、グルコース（Glu）の低下や遊離脂肪酸（NEFA）が増加、すなわちエネルギー不足を示す牛の割合が増加していました。さらにpHの上昇、すなわちサイレージの劣化に伴い肝機能障害（AST上昇）の割合が増え、同様にサイレージ品質（Vスコアとフリーク評点）の低下に伴いエネルギー不足（低グルコース）を示す牛の割合も増加しました。

このようにサイレージの貯蔵品質は、一牛の栄養代謝状態にも密接に影響するのです。

■サイレージVスコアと妊娠率

では最終的に、これら環境要因や飼料品質は乳牛の生産性にどのように影響しているのでしょうか。

図15は調査期間２週間ごとの気温、TMR温度、サイレージ品質とそれに続く２週間ご

との疾病率と妊娠率を示します。搾乳牛に対する疾病牛の割合は気温と強い正の相関があり、当然ながらTMR温度とも強い相関が認められました。さらにトウモロコシサイレージのVスコアは疾病率と負の相関があり、グラスサイレージのVスコアは妊娠率との間に強い正の相関が確認されました。なお大変興味深いことに、8月に一過性にVスコアが上昇し、その際に妊娠率が改善するという現象が認められました。実はこの時、サイレージは豪雨により冠水しており、どうやらアンモニアなどの溶解性タンパク質が洗い流されたため、このようなことが起きたと考えられました。この調査を通して、環境要因としての夏季の猛暑、サイレージ管理の不備や天候の影響で生じるサイレージの変質は、乳牛の健康にさまざまな悪影響を及ぼし、また妊娠率を低下させることが確認されました。

乳牛に対する産後の濃厚飼料急増は一見、エネルギー代謝を改善しますが、同時に第一胃発酵をかく乱してA／P比を低下させ、エンドトキシン産生を増やし（ルーメンアシドーシス）、蹄病を誘発したり正常性周期回復を遅延させたりする可能性があります。また飼料の貯蔵品質低下は、乳牛の採食量を低下させてエネルギー不足にさせたり、肝機能障害を引き起こしたりして、結果的に妊娠率を低下させ、疾病も増加させることが確認されました（**図16**）。従って、高泌乳牛を健康に飼育して繁殖成績を良好に保つためには、〝自給であれ購入であれ〟高品質粗飼料を確保し、それを飽食させることにより、「第一胃発酵を健全に維持する」ような飼養管理を行うことが不可欠なのです。

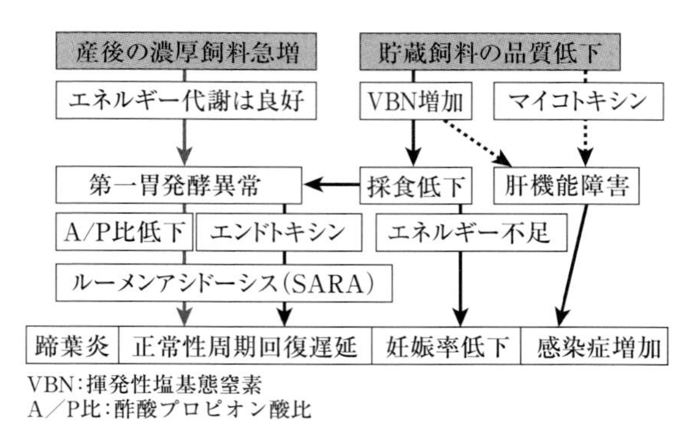

図16　乳牛に対する濃厚飼料急増と飼料品質低下の影響

筆者は、第一胃発酵を健康に管理できれば、決して「乳量が増えたから病気が増えて繁殖が悪くなる」ことはないと考えています。

繁殖からのアプローチ

第V章

2　発情発見と適切な授精措置のために

堂地　修

昨今、酪農を取り巻く環境は厳しさを増し解決すべき課題を多く抱えています。農家戸数および担い手の減少とそれに伴う頭数と生産乳量の減少は早急に対策を必要とする緊急課題です。今日、酪農経営は家族経営から大規模経営まで多様化しています。経営形態の違いはあっても技術的な共通課題は多数あります。その一つが繁殖管理です。

乳牛の繁殖成績は低下の一途をたどり、中でも分娩後の初回人工授精の遅れ、初回受胎率の低下、それに伴う分娩間隔の延長、生涯産子数の減少など、さまざまな問題が生じています。このような繁殖成績低下の原因の1つに乳量増加が指摘されています。

確かに、乳量増加は繁殖生理機能にさまざまな影響を与えることが多くの研究によって分かっています。しかし、実際に高乳量と高繁殖成績を達成している農家も多く存在しています。そこで、本稿では今日の乳牛の繁殖成績低下の背景や繁殖成績の改善に必要な点について考え、本書の目的である「長命連産」を達成するためのいくつかの要点について筆者らの試験データや諸氏の報告を用いながら紹介します。

■受胎率低下の傾向と各要因との関係

1）初回受胎率の推移

(一社)北海道家畜人工授精師協会の調査（**図1**）を見ると、経産牛の初回受胎率は1988年以降低下し続け、96年には50％以下になり、そして2010年には40％を下回り、それ以降今日まで40％以下で推移しています。一方、未経産牛は08年に60％を下回り、その後も低下傾向が続き、13年には54％になっています。このように過去20数年間、北海道の乳牛の経産牛も未経産牛も初回受胎率が低下しています。

2）乳量増加と経産牛の初回受胎率

乳量増加（牛群検定成績）と経産牛初回受胎率の関係を見ると、乳量が8,000kgに到達した1992年ごろから低下し始め、今日まで低下が続き回復の兆しは一度も見られていません（**図2**）。これを見ると乳量が増加するに従い、初回受胎率が低下しているように見えます。北海道の乳量増加を単純計算すると、98年から2013年の間に年当たり約70kg増加しています。海外においても増加量に差はあります

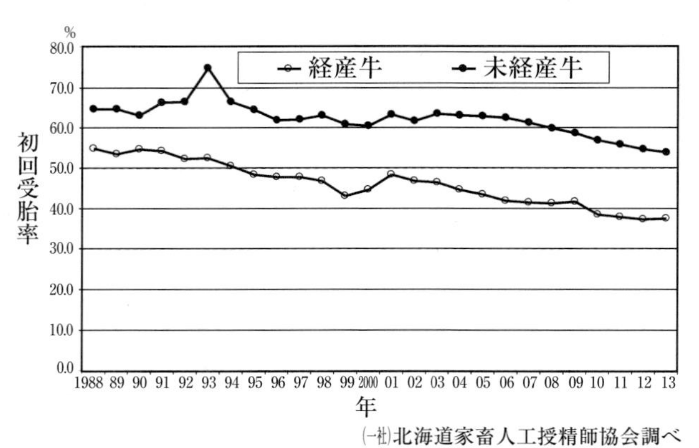

図１　北海道における初回受胎率の推移

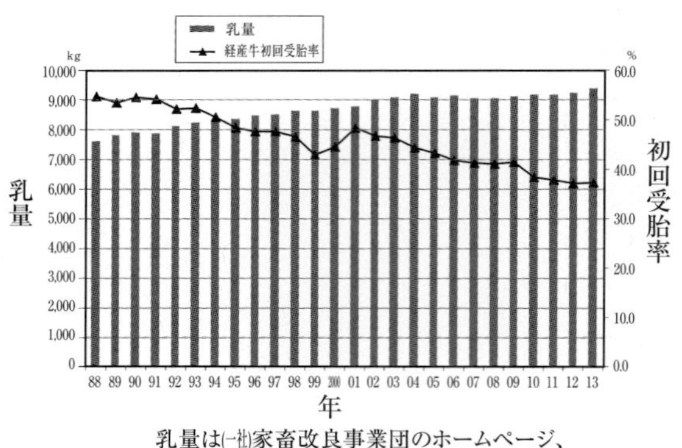

図２　北海道における乳量増加（牛群検定成績）と経産牛初回受胎率の推移

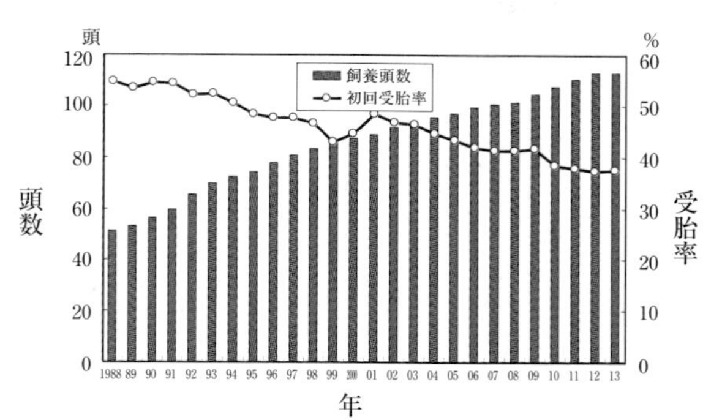

飼養頭数は畜産統計、受胎率は(一社)北海道家畜人工授精師協会データを引用

図３　北海道における酪農家１戸当たりの乳牛飼養頭数と経産牛の初回受胎率の推移

が、アメリカ、オランダ、ニュージーランド、アイルランドなどでも乳量が増加し、受胎率が低下していることが報告されています。

３）飼養頭数増と初回受胎率

北海道における経産牛の初回受胎率の推移と酪農家1戸当たりの飼養頭数の関係を**図３**に示しました。1988年には1戸当たりの飼養頭数は51頭で、2013年には113頭に増加しています。飼養頭数の増加に伴い、経産牛の初回受胎率は低下しているように見えます。図１に示した通り、未経産牛の初回受胎率は04年ごろから徐々に低下し始め、最近10年間は低下割合が増しているように見えます。また、１戸当たりの飼養頭数の増加に伴い、フリーストール牛舎やTMR飼料の導入など飼養管理の効率化も同時に行われてきました。飼養頭数の増加により個体管理から群管理へと飼養管理方法も変わりました。

４）分娩間隔の延長と初回受胎率

分娩間隔の延長も繁殖成績低下の１つの問題です。(一社)家畜改良事業団が報告している全国の平均分娩間隔の推移を見ると、1985年ごろから徐々に延長し始め、2013年には全国平均が437日、都府県が446日、北海道が432日になっています。空胎日数が長くなれば分娩間隔は長くなります。

図４に北海道における平均分娩間隔と経産牛の初回受胎率の推移を示しました。平均分娩間隔が400日前後を維持していた1995年ごろには既に初回受胎率は低下し始めています。その後は、初回受胎率低下と分娩間隔の延長は連動しているようにも見えます。

しかし、相原(2014)は2013年の全国の分

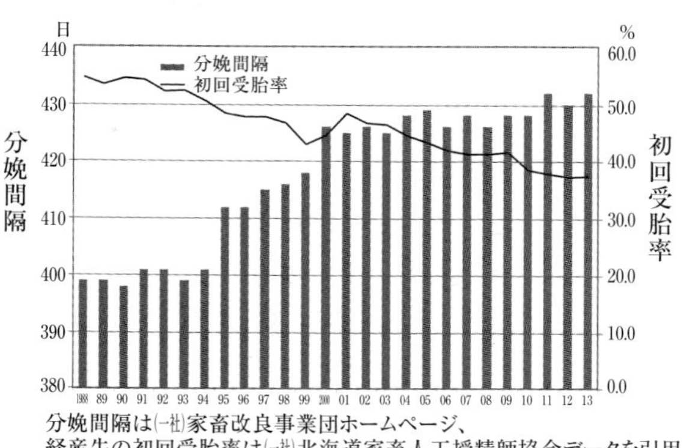

分娩間隔は(一社)家畜改良事業団ホームページ、
経産牛の初回受胎率は(一社)北海道家畜人工授精師協会データを引用

図４　北海道におけるホルスタイン種の分娩間隔と経産牛の初回受胎率の推移

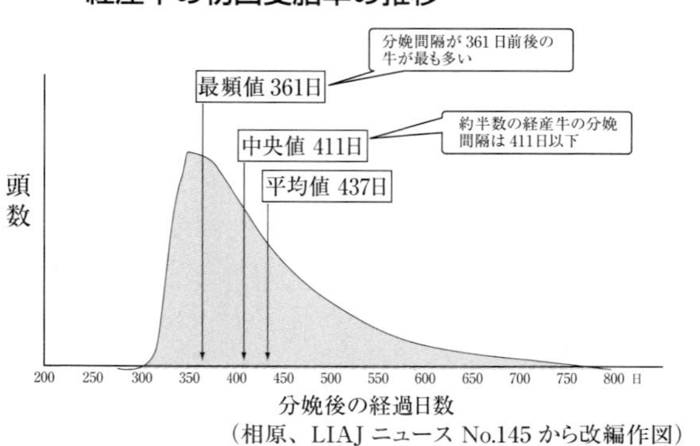

（相原、LIAJ ニュース No.145 から改編作図）

図５　乳牛の分娩間隔（全国、2013年）

娩間隔について、平均分娩間隔は437日であるが多く牛の分娩間隔は361日付近でその最頻値は361日付近である報告しています（**図５**）。また、約半数の牛の分娩間隔（中央値）は411日以下であることも示しています。さらに、13年の空胎日数の平均値は164日、最頻値は78日付近で中央値は135日であると報告しています。このことは、多くの牛の繁殖成績は良好であり、受胎が極端に遅れている牛も多数存在することも示しています。

５）個体間・群間差見られる繁殖成績

乳牛の繁殖成績は、牛群間および個体間で大きな差のあることが知られています。日常の飼養管理の中で、順調に受胎する牛もいれば、なかなか受胎しない牛もいることは、酪農家であれば経験的によく知っていることです。筆者ら（Dochiら、2010）が調査した酪農学園大学のロボット搾乳を行っている小頭数の高泌乳牛群では、分娩後の排卵日、初回発情日、初回人工授精日、空胎日数の繁殖成績に大きな個体差が見られます。この群では最も短い空胎日数は66日、最も長い空胎日数は270日、平均空胎日数は151日でした。この結

果を見ても、個体によって繁殖成績に大きな差があることが明らかです。従って、大きく受胎が遅れる牛をできるだけ早く受胎させることが牛群の繁殖成績向上にとって重要であることを示しています。

6）人工授精回数と経産牛の受胎率

繁殖成績が良好な牛群の場合、初回人工授精受胎率が２回目以降の受胎率より高いのが一般的です。なお、ここでいう初回人工授精とは、未経産牛では最初の人工授精で、経産牛では分娩後最初の人工授精を指します。

筆者ら（Yamaguchiら、2011）が道東のある地域の経産牛の受胎率を調査した結果を**図６**に示しました。この受胎率はある人工授精所において、人工授精した全ての牛について妊娠の有無を確認したデータです。初回受胎率が40％、２回目以降は７回目まで46～54％で推移し、初回受胎率が最も低い値になっています。

このように育成牛は初回受胎率が最も高いのですが、経産牛は初回受胎率が最も低いこ

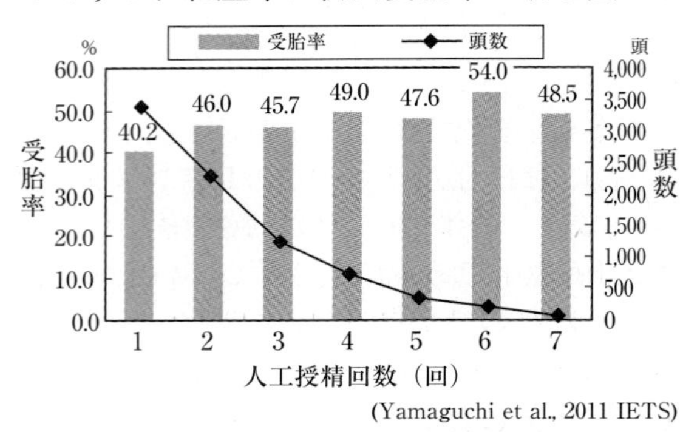

図６　ホルスタイン種経産牛における人工授精回数別の受胎率の推移例

とから、経産牛では初回受胎率にいろいろな要因が関係していると考えられます。中でも分娩前後の栄養状態の影響は大きいと考えられます。

■発情発見の重要性

1）発情発見率の低下要因

北海道人工授精師協会会員を対象に行ったアンケート調査（堂地ら、2006ab）では、最近の乳牛は発情行動が不明瞭になったと多くの技術者が感じています。発情行動を抑制する要因として、生理的要因と環境要因があります。生理的要因として、栄養状態の低下に起因する発情行動を起こすホルモン低下などがあります。環境要因としては、フリーストール牛舎のコンクリート床の影響がよく知られています。フリーストール牛舎の牛は始終コンクリート床の上を歩くので、肢や蹄にかかる負担は大きく、土に比べて明らかに発情行動が低下することが知られています。筆者ら（未発表）の調査においても、フリーストール牛舎では日常の運動量（歩行数）が大きく低下し、スタンディング行動やマウンティング行動を全く示さない牛が30～40％が見られることがありました。

しかし、フリーストール牛舎であってもスタンディング行動やマウンティング行動を高率に示す牛群も存在します。アメリカの調査では、発情発見率は農場によって５～60％と大きな差があると報告されています。これらから、同じフリーストール牛舎であっても発情行動の発現には差があることを知っておく必要があります。

2）発情観察の質

発情発見率低下のもう１つの重要な要因として発情観察の質があります。飼養頭数の増加に伴い飼養管理作業が増え繁殖管理の時間が減り、発情観察回数や１回当たりの観察時間の不足による発情見逃しが増えている可能性が高いと考えられます。

先に述べたアンケート調査（堂地ら、2006ab）では、多くの酪農家が朝夕の搾乳時だけ発情観察を行っており、発情行動や外部兆候が不明瞭になっている現在の乳牛では発情を見逃す可能性が高くなります。その対策として、歩数計やマーカースティックなどの発情発見補器具の利用は発情発見率の向上が期待できます。歩数計は発情の始まりと終わりを知ることができ、発情が来ている牛をパソコン上に知らせてくれるので効果的です。

歩数計の導入における課題は、初期費用と歩数計の牛への取り付けと取り外しを行わなければならないことです。チョークは尾根部に色を付け、発情時に他の牛に乗駕（じょうが）されると消えるので、消えた牛は発情牛と分かります。マーカースティックは安価で手軽ですが、定期的に授精対象牛全頭に塗る

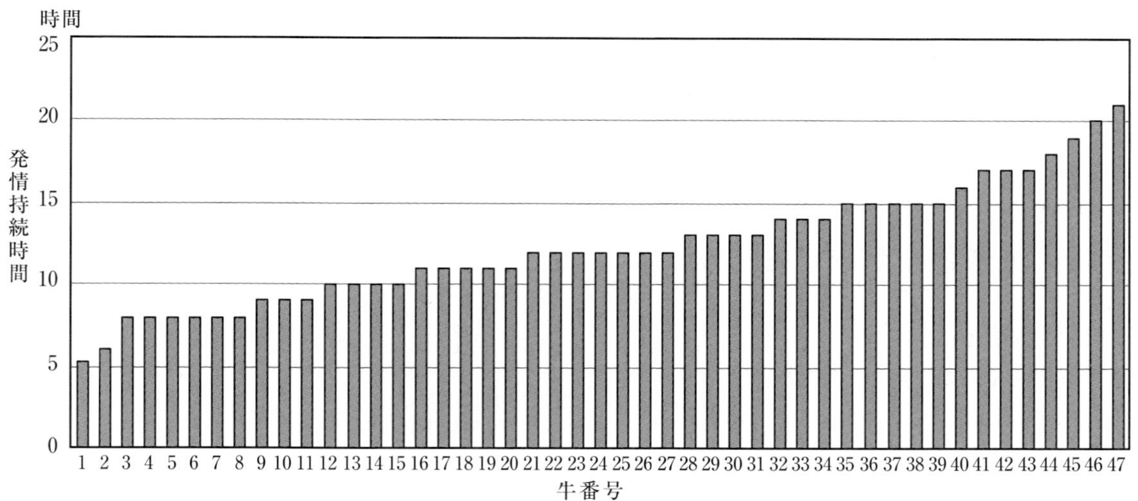

注）自動搾乳フリーストール牛舎、発情持続時間は歩数計で計測、平均発情持続時間12.4時間、範囲５～21時間

図７　ホルスタイン種経産牛の発情持続時間

必要があります。

３）発情兆候の特徴と判断

①フリーストール牛舎における調査

筆者らは酪農学園大学のロボット搾乳舎で高泌乳牛群の発情持続時間、発情行動と排卵時間を調査しています。発情行動の観察は、歩数計（牛歩、コムテック）を装着して、非発情時の平均歩数の1.6倍以上に増えたときを発情開始とし、1.6倍以下に低下したときを発情の終了と定めて調べました。この調査時の平均発情持続時間は12.4時間でした。この調査の数年前に同じ牛舎で発情行動を調査したときの平均発情持続時間は約８時間でした。

このことは、同じ牛舎であってもさまざまな条件に発情行動が影響されることを示しています。また、この調査結果から分かるのは、発情持続時間の長さは牛によって差のあることです。

図７に本調査の全ての牛の発情持続時間を示しました。短い牛は５時間、長い牛は21時間でした。日常の飼養管理の中で問題になるのは発情持続時間が短い牛です。もし発情持続時間の短い牛の発情が深夜に始まっていれば、搾乳や飼養管理の最中に発情を発見できない可能性があります。発情持続時間の短い牛は多くの牛群である程度存在し、その割合が多い牛群では牛舎構造や栄養状態について専門家に調べてもらう必要があります。発情をなかなか発見できない牛については、獣医師に相談して発情誘起処置や定時人工授精の排卵同期化処置を行う必要もあります。

②発情持続時間と排卵時間の関係

筆者らの調査では、ホルスタイン種の発情開始から排卵までの時間は平均30時間です。牛の排卵時間については多くの報告が見られ、報告によって多小の差があります。その理由は、発情観察の方法や品種の違いによります。発情持続時間と同様に排卵までの時間にも個体差が見られ、短い牛は20時間、長い牛は約50時間もかかっています。排卵時間が早い牛は発情持続時間も短く、排卵時間が長い牛は発情持続時間が長い傾向があります。筆者らがこれまでに調べた結果から、発情行動と排卵時間の間には**図８**に示すような関係が考えられます。

人工授精を何回か繰り返しても受胎しない牛の中には、排卵が遅れている牛（排卵遅延）

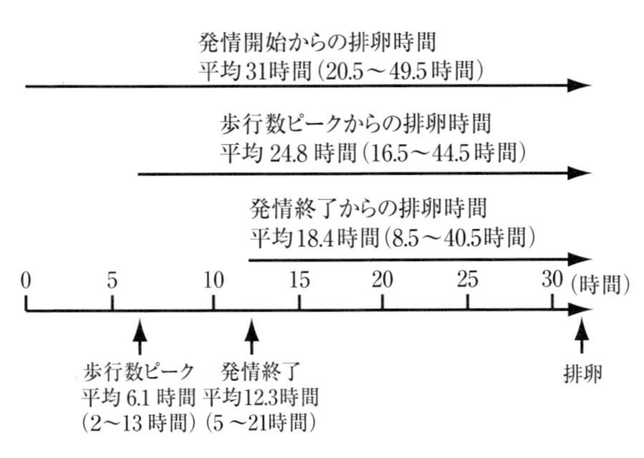

図８　ホルスタイン種経産牛群における発情持続時間、歩行数と排卵時間の関係（例）

第Ⅴ章

が含まれる可能性があります。発情が長引き排卵も遅れる牛は、外陰部が発情の翌日から翌々日になっても腫脹（しゅちょう）した状態が続くことが多く、早めに獣医師の診察を受けるべきです。

■適期人工授精を実現するためには

1）授精適期とは

授精適期とは、受胎させるために最も確率の高い時間帯に人工授精を実施することです。もう少し詳しくいえば、授精適期は❶授精された精子が子宮内を通り卵管に侵入し、受精部位である卵管膨大部に到達するのに要する時間❷排卵時間❸精子の受精能保有時間❹卵子の発生能保有時間を考慮して、最も高い確率で正常な受精が起こるように人工授精すること—です。従って、適期に授精するために最も大切なことは正確な発情観察です。

2）授精時期と受胎率

アメリカの研究グループは、スタンディング開始後4～12時間に人工授精すると高い受胎率が得られたと報告しています。また歩数計を用いて発情観察を行い、歩数が増加し始めてから6～17時間に人工授精したときに最も高い受胎率が得られ、推計学的な授精適期は歩数増加後11.8時間であるとする報告もあります。

筆者らの調査でも、歩数計で計測した平均発情持続時間が12時間の牛群に対して、発情開始後8～12時間に人工授精を実施した場合に最も高い受胎率が得られています（**図9**）。このときの人工授精の実施時間は、発情の中期から後期、牛によっては発情終了直後に当たります。従って、人や歩数計などによって発情開始時期が確認されている場合は、授精適期は5～16時間で、発情開始4時間以内は早く、17時間以降（肉牛は18時間以降）は遅いと考えられます（**図10**）。しかし、日常的な飼養管理の中で人工授精できない時間（深夜）もあるので、可能な限り授精適期に近い時間帯に人工授精する必要があります。

3）日常管理の中での授精適期の考え方

歩数計などを使用しない場合、日常的な飼養管理の中で発情開始時間を特定することは

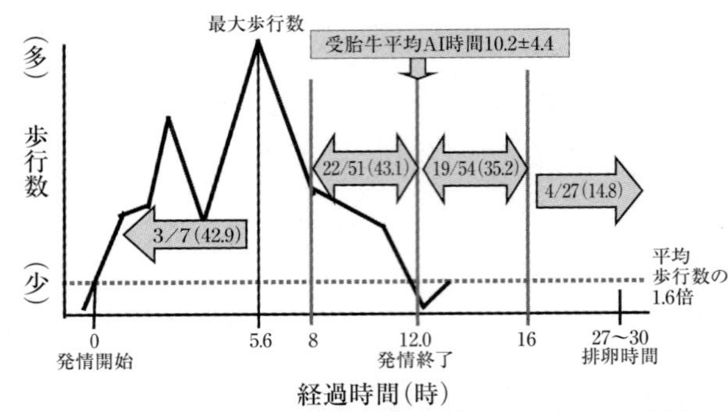

注）グラフは1時間ごとの運動量。数値は受胎頭数／授精頭数（受胎率、%）を示す（酪農学園大学家畜繁殖学研究室調査）

図9　乳牛経産牛における発情持続時間および人工授精実施時間別の受胎率

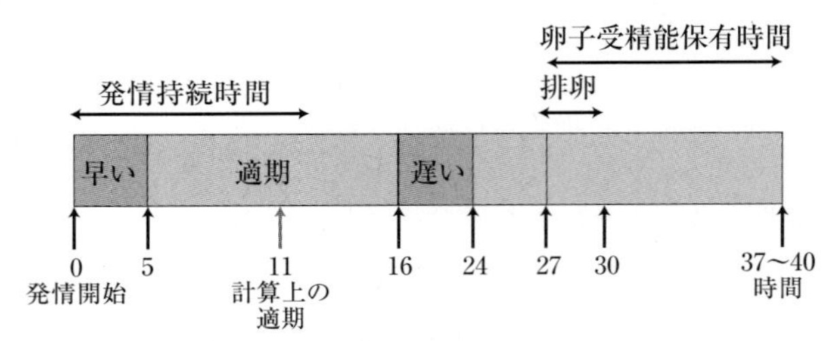

注）発情の持続時間を12～14時間、排卵を発情開始後27～30時間、精子の生存時間を24～30時間と想定

図10　乳牛における発情開始後の経過時間と人工授精適期の関係（例）

ほとんどできません。そのため、そのような場合の授精適期の判定はAM・PM法が推奨されます。AM・PM法では、❶午前9時以前に発見した場合はその日の夕方❷午前9時から正午に発情を発見した場合は同日夕方か翌朝10時ころまで❸正午以降に発情を発見した場合は翌日の午前中に、それぞれ人工授精を行うことが推奨されています。これら授精適期は発情中期から後期、牛によっては発情終了後に当たります。

4）分娩後の人工授精開始日

前述した通り、今日の乳牛経産牛の受胎率の特徴は、初回受胎率が2回目以降の受胎率に比べて最も低いことです。経産牛の初回受胎率を向上させるための1つの考え方として、分娩後の人工授精開始時期を1～2発情周期先延ばしにすることです。分娩後の初回人工授精の開始時期を一律に分娩後60日に設定しても、栄養状態（ボディーコンディションスコア）が回復していなければ繁殖機能の回復も不十分であり、受胎率も低いのが一般的です。実際に初回受胎率の低い牛は人工授精の開始日を1発情周期遅らせると、初回受胎率は向上しますが空胎日数は変わらず、人

工授精回数は少なくなることがあります。

5）選別済み精液を用いた授精適期

雌雄選別済み精液（以下、選別精液）の利用はますます重要になってきました。雌精液を使うことで効率的な後継雌子牛生産が可能になります。また雌子牛を生産した残りの牛に黒毛和種の精液を人工授精して交雑種を生産したり、黒毛和種の受精卵を移植して黒毛和種子牛を生産したりすれば、収入の増加にもつながります。

これまでの報告では、雌精液（X精子）を人工授精して妊娠すると約90％の確率で雌子牛が生まれています。

選別精液を利用する場合、受胎率が低いという問題があります。特に経産牛に選別精液を授精した場合の受胎率の低さが課題となっています。そのため選別精液は未経産牛に授精することが推奨されています。また、精液を用いた場合の授精適期は通常の凍結精液よりやや遅い時間が良いとされています。通常の凍結精液の授精適期は発情開始後５時間から16時間とされていますが、選別精液は発情開始後16～20時間が推奨されています（㈳家畜改良事業団AIマニュアル）。

■人工授精師に多くの情報を伝える

酪農家が人工授精師に授精を依頼する場合に大切なことは、言うまでもなく発情牛に関するできるだけ多くの情報を伝えることです。発情発見の時間帯やそのときの外部兆候の状況について、できる限り具体的に伝えることが大切です。人工授精師はその情報を基に授精すべきかどうか判断します。具体的な情報が多ければ多いほど、発情鑑定と授精の判断の精度は高くなります。すなわち、人工授精師が自信を持って判断できるようになります。仮に発情兆候に関する具体的な情報がほとんどない場合は、人工授精師は自身が見た外部兆候と直腸検査の所見から、授精すべきかどうかあるいは授精適期かどうかを推測しなければなりません。

経験豊富で実績のある人工授精師であれば、精度の高い判断ができるかもしれませんが、経験の少ない人工授精師は迷うことが多いものです。受胎率を少しでも高くするためには、酪農家の情報提供は極めて重要であることを互いに理解し合う必要があります。

【参考文献】

1)相原光夫．2014．LIAJ News　145：24-27．
2)Dochi, O. Kabeya, S., Koyama, H. 2010. J. Reprod. Dev. 56:S61-S65.
3)Yamaguchi, M., Tanisawa, M,, Koyama, H., Takahashi, S., Dochi, O. 2011.Reprod. Fertil. Dev., 23:118(abstr).
4)堂地　修，高橋芳幸，松崎重範，黒田裕教．繁殖技術　218：29-34(2006a).
5)堂地　修，高橋芳幸，松崎重範，黒田裕教．繁殖技術　219：45-52(2006b).

繁殖からのアプローチ

第V章

3　事例 分娩後のトラブル防ぎ早期に受胎を確認

栃木県那須烏山市　髙瀬 賢治牧場

高瀬牧場は飼養管理の基本を徹底した経営を展開してきました。経営者の高瀬賢治さん(59)を中心に妻の智子さん(59)、双子の三男慎司さん(28)、四男康司さん(28)の4人で作業をこなしています。

飼養頭数は経産牛85頭、育成牛55頭。2015年1～12月の出荷乳量は963ｔ。15年度は970ｔを超える見込みで、1頭当たり年間乳量は1万1,800kgと高泌乳を追求しています。

高瀬牧場ではステージごとの飼養管理に特に気を配って、牛が能力を最大限に発揮できる環境づくりに努めています。

■発情発見は全員でチェック

繁殖管理で最も重要である発情発見は、4人全員でチェックします。種付けは、家畜人工授精師の資格を持つ慎司さんと康司さんの2人が担当し、地元酪農協の獣医師による繁殖検診を月2回程度受けています。

受胎を早期に確認するために、種付け後40日程度で超音波診断装置を活用して、繁殖検診の受診前に受胎を確認するようにしています。賢治さんは「発情を見逃さないようにして種付けして早期に妊娠を確認し、さらに受胎していない牛を発見して処置することが一番大事なことです。発情の見逃しが、いまだに一番多いと聞いていますが、基本を忠実にこなすことが大切だと考えています」と話しています。

平均産次数は、初産牛が増えたことから、最近は2.3と低い傾向にありますが、増頭が一段落し今後は牛群中の初産牛割合が徐々に減るため改善に向かうと想定しています。

種雄牛は全て国産で、総合指数(NTP)40位以内のものを使っています。重視しているのは乳器と肢です。

髙瀬賢治さん

賢治さんは、「牛群改良が進んだ結果、昔よりも牛は大きくなった。しかし、大きな牛は故障もしやすい。それほど体高がなくても幅のある牛の方が乳量も出て、長命連産に向いている気がします。昔は大きい牛の方が高乳量で好まれていましたが、体重維持のために飼料の要求量が多い。日量40kgの乳が出る牛なら、体重の少ない牛の方が飼料効率は良いはずです。産乳量は一緒でも体を維持するためのエネルギーは当然少ない」と話します。

■分娩間隔は390～450日

分娩間隔は今年1月時点で449日となっていますが、少し長めに設定しています。

賢治さんは「1年1産では少し早過ぎると考えており、390日～450日がベストと考えています」と話します。

高瀬牧場の牛群は泌乳最盛期には日乳量が50～60kgとかなりの量が出るため、牛はかなり痩せてしまいます。牛のコンディションは泌乳最盛期を過ぎてから徐々に戻ってきますが、乾乳に入る時点で適正なボディーコンディションになることが理想と考えています。

1年1産に相当する分娩間隔365日を実現

しようとすると、高瀬牧場では乾乳直前でも35〜40kgの牛がいるため、乳房炎にかかる心配が出てくるので、乾乳に入るまでのコンディションには慎重にならざるを得ません。

なお、経産牛は乾乳期間を45日と設定しています。乾乳間近でも日乳量が35kg程度と乳量が落ちていない牛は、直腸検査で子牛の生存を確認した後、乾乳しています。

■初妊牛は乾乳牛と一緒に飼養

高瀬牧場では、後継牛は100％自家育成です。新生子牛はカウハッチで個別に管理し離乳後、２、３頭の群飼いにします。子牛の管理は神経と手間が掛かるものですが、妻の智子さんが一生懸命管理しています。

「乾乳から分娩までの期間が一番重要」との考えから、分娩２カ月前の初妊牛は乾乳牛と一緒にフリーストールで飼養しています。これは群飼いされていた未経産牛が分娩後、経産牛のいるフリーストールに移された時、食い負けなどのストレスを防ぐためです。

賢治さんは、「初妊牛は乾乳前に、強くて体が大きい親牛と一緒にしてもまれた方が良いという発想です」と狙いを話します。

初妊牛の分娩２カ月前や乾乳牛で最も重視しているのは、乾草を十分食べさせることです。賢治さんは、「食べた乾草の代金は後で乳となって、多くの利息が付いて戻ってくる」と話し、この時期に乾草をどれだけ食い込ませるかが一番の勝負と考えています。

さらに一昨年から、牧場内の1.5haの放牧地を活用し、草のある時期に乾乳牛や初妊牛が自由に動き回れるようにしました。１番草があるときは牛舎での飼料給与の時に帰ってこないこともあるそうです。

「生草はおやつ程度。放牧で体を動かしてさらに牛舎でたくさん食べてほしいから」と話します。

言うまでもないことですが、乾乳牛の過肥はよくありません。一度過肥になると、分娩後の管理が難しくなります。痩せ過ぎは乳が出ないだけですが、過肥は病気になる危険が極めて高くなります。牛をある程度運動させて飼料もしっかり食べさせ、第一胃の容積をしっかり保つのが理想と賢治さんは考えています。

■群への移動は２頭以上で

分娩２週間前には、クロースアップ牛房に移しますが、なるべく２頭以上で移すことを基本にしています。例えば、分娩14日前と20日前の牛がいる場合、14日前という日数にこだわらず２、３頭同時に移動します。１頭だけ移動することは極力しないようにします。

賢治さんは「経験上、１頭飼いは食い込みが良くないように思います。乾草の減り具合を３頭と１頭で比較すると、３頭の方が４頭分以上食べていました。食い込みという点からも、ある程度の群で飼う方が良い」と説明します。

牛が群に入ると、群の中で序列争いが発生します。１頭だけ入れると、元からいる牛に

クロースアップ期（手前）や生後4〜5カ月（奥）の牛を管理する牛舎

牛舎横の放牧地。牛を動かすことで過肥を予防する

やり玉に挙げられるので、なるべく２、３頭で動かして攻撃される対象を分散させることが、牛のストレスを減らす上で大事なことです。

分娩後、生乳出荷までの数日間、独房で飼います。飼料の食い込み状況などは牛ごとに違うため、この時期は賢治さんが飼養管理を担当します。注意する点は特に低カルシウム血症、ケトーシス、乳房炎など。「低カルシウム血症やケトーシスが絡むと、第四胃変位まで進んでしまう危険もある」と言います。

■ロスを出さないことが一番大事

搾乳作業は朝５時半、夕方は16時半から始めます。他の作業が忙しくても搾乳時間をずらさないのかモットーです。なお時間を変えたいときは、家族で相談して毎日少しずつずらすそうです。これは、牛にとって変化はストレスになるとの考えから来ています。その他にも離乳と群への移行を同時にしないなど、２つ以上のストレスを同時にかけないことも基本としています。

賢治さんは作業体系を考えて、これで良いといったん決めたら時間を変えないよう努めています。

朝と夕方の搾乳や給餌作業もトラブルがない限り、２時間以内に終わらせています。

飼料の掃き寄せは１日に３、４回行いますが、そのタイミングが大事です。決まった時間に行うことはもちろんですが、「いったん食べて休んで、そろそろ腹が減ってきた時に飼料が口元にあるのが一番良い。飼料を掃き寄せするとほとんどの牛が新鮮な飼料を目当てに寄ってきます」と飼料の掃き寄せは牛が飽食するタイミングを逃さないように心掛けています。

経営面では、「ロスを出さないことが一番大事」と強調します。例えば、食い負けて乳が出ない、牛が痩せて駄目になった、能力が発揮できない―などは乳生産のロスにつながると考えています。

全国的には分娩後60日以内に除籍される牛の多さが問題になっていますが、この点について「乾乳期に一生懸命食わせて、分娩後〝さあこれから稼ぐぞ〟という時期に当たる60日以内の除籍は、経済的に一番のマイナス」と話し、乾乳期から本格的な乳生産までの管理の重要性を訴えます。

賢治さんは、「当たり前のことを手を抜かずにやることが最も大切です。基本中の基本は、牛が反すう動物であることを忘れないこと。たとえ高泌乳牛でも疾病やトラブルが多くなると余計な労力が掛かります。特に分娩直後のトラブルは、経済的損失も大きくなります。いかにトラブルを起こさないかを前向きに考え管理を徹底することです」と基本の大切さを強調しています。　**【斎藤　丈士】**

飼料を掃き寄せする妻の智子さん

第Ⅵ章

暑熱ストレスを防ぐ

暑熱ストレスを防ぐ

第Ⅵ章

1　暑熱が乳生産と繁殖に及ぼす影響

久米　新一

わが国の乳牛の長命連産を考える場合には、暑熱ストレスによる悪影響を無視することができません。夏季の暑熱ストレスは乳牛の生理・生産機能にさまざまな悪影響を及ぼし、体温・呼吸数の上昇、飼料摂取量の減少、乳量・乳成分の低下とともに、疾病の増加や受胎率の低下をもたらします。

特に高泌乳牛では酸素消費量、熱発生量、血流量などが急激に増加しているため、暑熱ストレスは高泌乳牛の生理機能や繁殖機能を大きく阻害します。このような暑熱ストレスは乳牛の供用期間を短縮しますが、中でも猛暑の年には乳牛の死廃頭数が増加するだけでなく、乳量や繁殖成績が著しく低下し、乳牛の供用期間を大幅に短縮します。

夏季の乳牛の栄養管理では、暑熱ストレスの悪影響を可能な限り低減することが求められます。その対策としては暑熱期の体内代謝の特性、特に暑熱ストレスに対して乳牛体内の機能を一定に保つ仕組み（恒常性維持）を十分に理解して暑熱対策に取り組むことが重要です。

そこで、本稿では高泌乳牛の長命連産のために、夏季の暑熱ストレスが乳生産と繁殖に及ぼす影響とその改善策を紹介します。

■乳生産・繁殖の現状と暑熱ストレスの影響

はじめに、牛群検定成績からわが国の乳生産と繁殖の特徴を紹介します。わが国では乳牛の乳量増加は非常に著しく、牛群検定成績の305日乳量は5,826kg（1975年）から2014年には北海道で9,340kgまた都府県では9,465kgに達しています（**図1**）。それに対して、乳牛の繁殖成績は改善が一向に進まず、分娩間隔は76年には北海道で401日、また都府県で409日でしたが、14年には北海道で429日、また都府県で446日にまで延びています。

1）暑熱ストレスと繁殖の関係

ここで、牛群検定成績の乳量と分娩間隔の経年的な変化を見ると、乳量は最近10年間では増加率が鈍化しているものの、牛群検定開始時からほぼ毎年増加しているのに対して、分娩間隔は1990年ごろまではそれほど大きな変化は見られません。分娩間隔に非常に大きな変化が見られるのは95年であり、前年と比

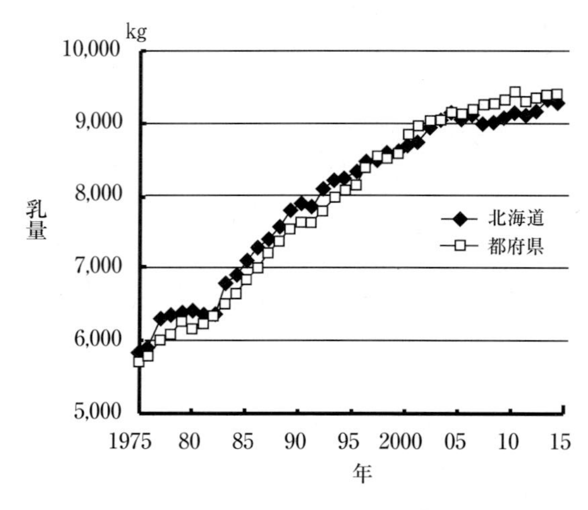

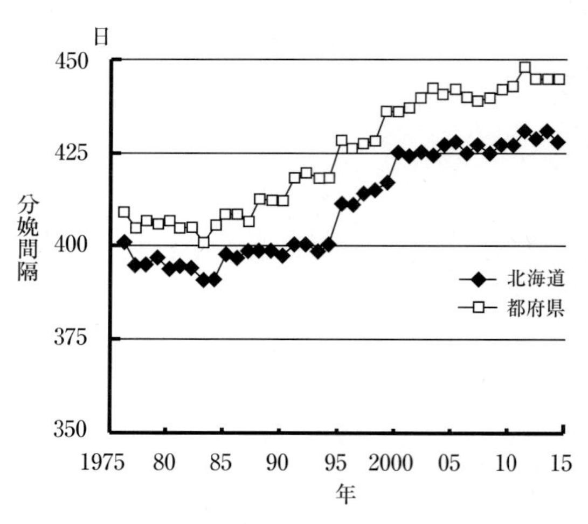

図1　北海道と都府県の乳量と分娩間隔の推移（牛群検定成績、2015年）

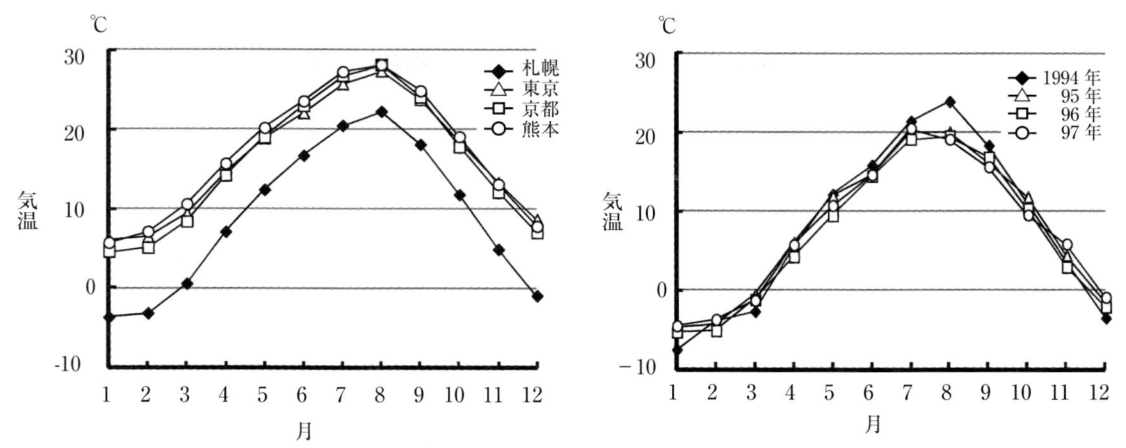

図２　札幌、東京、京都、熊本の平均気温（左図、1981～2010年の平均：理科年表）と札幌・北農研の1994年、95年、96年と97年の平均気温

較すると都府県と北海道とも10日以上延びていますが、これは94年の夏季の猛暑が繁殖成績を大きく悪化させたことを意味しています。

不思議なことに、一度悪化した分娩間隔はその後回復することはなく、また猛暑が訪れるとさらにその間隔が長くなり（99年の都府県と2000年の北海道）、最近では10年の猛暑が分娩間隔を５日延ばしています。さらに、夏季の暑熱ストレスの影響は北海道と都府県の分娩間隔の相違にも見られ、分娩間隔は各年次を通して都府県が北海道よりも10日以上長くなっています。

これらの結果から、高泌乳牛の繁殖機能に対する夏季の暑熱ストレスの悪影響は、温暖な西南暖地で著しいものの、現在では北海道を含めた全国に及んでいることが指摘できます。

わが国では夏季は高温多湿となるため、気温の上昇に加えて湿度の上昇が乳牛の生産性をさらに悪化させます。**図２**に札幌（北海道）と東京・京都・熊本（都府県）の月別平均気温を示しました。高泌乳牛の生理・生産機能に悪影響を及ぼす気温を20℃と想定すると、都府県では５月から10月ころまで暑熱ストレスの影響を受けることになります。

猛暑の年には夏季の平均気温が平年よりも１～３℃近く上昇するため、高泌乳牛の体内代謝に及ぼす悪影響が非常に大きくなりますが、中でも1994年の猛暑は非常に厳しく、札幌でも８月の気温が平年よりも４℃上昇しました（図２）。その結果、全国で飼養されていた乳牛202万頭のうちの4,600頭が暑熱ストレスで死廃しましたが、生存した乳牛も受胎率が低下して分娩間隔が延長し、供用期間の短縮を招きました。

乳牛は受胎して子牛を生まないと乳生産ができないので、暑熱ストレスによる悪影響で不受胎の牛が増えることは酪農家にとっては死活問題といえます。

２）暑熱ストレスと乳生産の関係

夏季の暑熱ストレスは乳牛の乳量と乳成分（乳脂率、乳タンパク質率など）を低下させますが、牛群検定成績では乳成分に及ぼす影響が明瞭に示されています。

図３に牛群検定成績による北海道と都府県の乳脂率の季節変動を示しました。乳脂率は５月から10月ころまで低下し、年間を通して都府県が北海道より低く推移しています。また、猛暑は乳量と乳成分を急激に低下させますが、2010年の猛暑の年には夏季の乳脂率の減少率が平年よりも大きくなっています。

乳量に及ぼす暑熱ストレスの影響は産次、泌乳期など、さまざまな影響を受けるので、牛群検定成績でも明確には示されていませんが、高泌乳牛では暑熱ストレスの影響を軽減できないと乳量は10～20％程度減少します。特に、夏季分娩牛では泌乳最盛期の乳量が最も低くなることから、暑熱ストレスの影響は夏季分娩牛で顕著といえます。

このように、わが国では夏季の長い暑熱の期間と数年ごとに訪れる猛暑が高泌乳牛の生

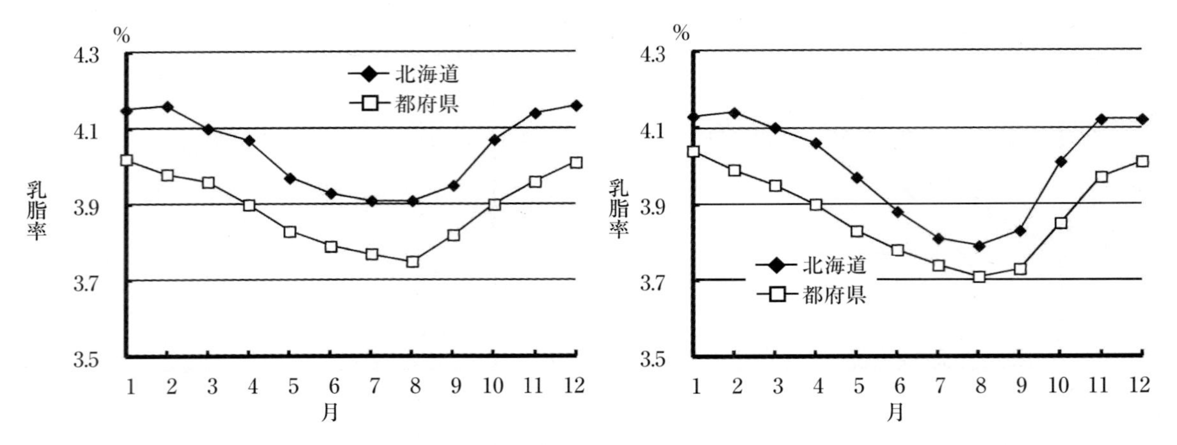

図３　北海道と都府県の2009年（左図）と猛暑の10年（右図）の乳脂率（牛群検定成績）

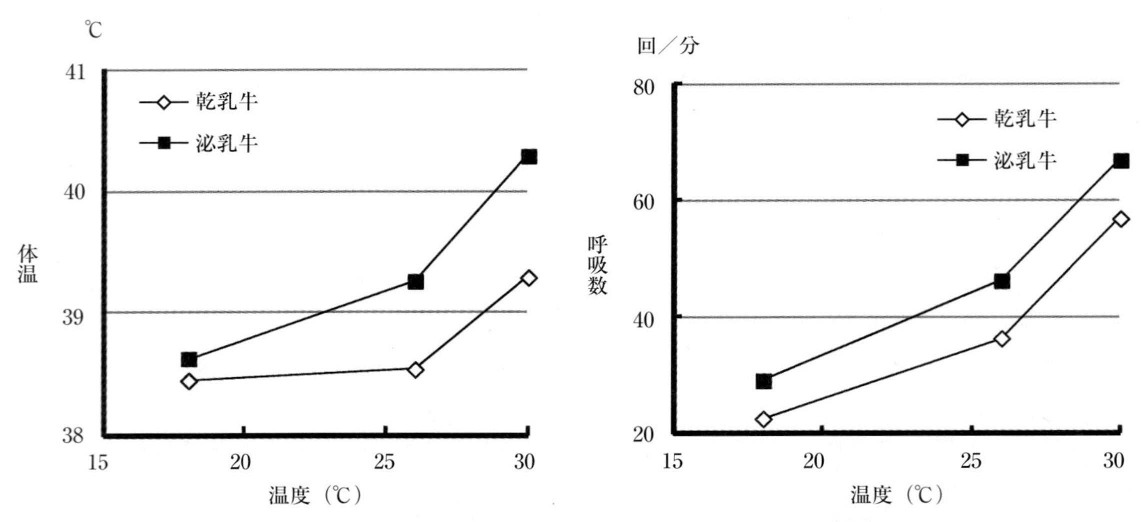

図４　環境実験室における乾乳牛と泌乳牛の体温と呼吸数（栗原ら、1995）

産性を大きく低下させますが、栄養管理や飼養管理に不備があると暑熱ストレスの悪影響がさらに大きくなります。

■高温時の体温調節機能の仕組みと乳生産

乳牛の防暑対策の基本は体温上昇の抑制ですが、次に暑熱ストレスが体温を上昇させる仕組みを紹介します。

高温時の乳牛の恒常性維持では体温を一定に保つことが最も重要ですが、乳牛の体温は熱生産と熱放散のバランスで決まります。乳牛は環境温度が低くなると熱発生量を増やし、環境温度が高くなると熱放散量を増やして体温を一定に維持します。高温環境下では放射・対流・伝導による熱放散量が減少するため、乳牛は蒸散による熱放散量を増やします。

乳牛は皮膚表面や呼吸器から１ｇの水が蒸発するときに約0.58kcalの熱を放散できます（気化熱）が、乳牛の発汗機能は劣っているため、呼吸数を増やすことが熱放散を高める効果的な方法です。しかし、呼吸数の増加による熱放散量が熱発生量よりも少なくなると、乳牛の体温が急上昇し生理機能や繁殖機能が阻害されます。

１）泌乳牛の体温調節の仕組みと乳生産

暑熱ストレスが乳牛の体温と呼吸数に及ぼす影響を容易に理解できるように、環境温度を18℃、26℃と30℃に制御した実験室に乳牛を２週間収容した実験結果を**図４**に示しました。飼料摂取量が乾乳牛の３倍近い泌乳牛では体温と呼吸数が乾乳牛よりも高いのですが、30℃の条件下では泌乳牛の体温が40℃を超えて非常に危険な状態になっています。また、気温が上昇すると乳牛は呼吸数を増やして体温上昇の抑制を図っていますが、乾乳牛では26℃の条件下では体温は上昇していないものの、泌乳牛では26℃から体温が上昇しました。この結果は、乾物摂取量の多い泌乳牛では体温の上昇が早いことを示しています。

しかし、ここで問題になるのは高温時に体温が急上昇すると、泌乳牛は乾物摂取量を減少して熱発生量を急激に減らすことです。これは体温上昇を抑制するための乳牛の基本的な生理反応ですが、乾物摂取量の減少は乳量の減少に直接影響します。実際にこの試験では環境温度が18℃から30℃に上昇すると泌乳牛の乾物摂取量が18.2kgから12.2kgに減少しましたが、　同時に乳量が26.0kgから19.7kgに減少しました。従って、夏季の暑熱ストレスが乳生産に及ぼす影響では、乾物摂取量の減少による乳量の減少が非常に大きいことが指摘できます。

ここで、高泌乳牛の飼料摂取量と熱発生量の関係を紹介します。高泌乳牛は摂取した飼料をエネルギーに変換して乳生産に利用するだけでなく、乳生産のための代謝などにも利用しているため、体内から大量の熱が発生します。筆者らの研究では、サイレージ給与した乾乳牛の平均熱発生量は75MJ／日であり、摂取したエネルギーの48～58％が熱に変換されています(**図５**)。

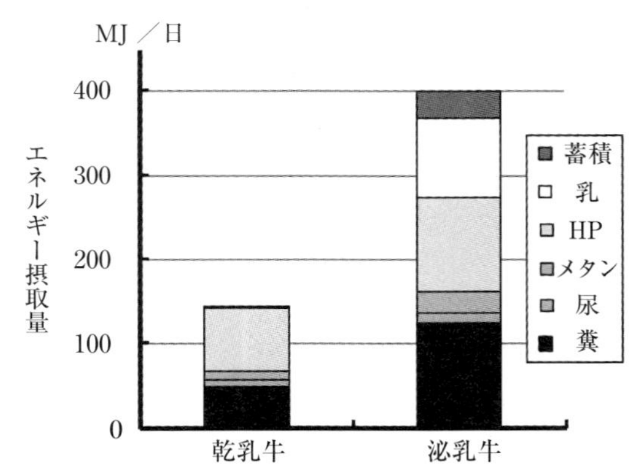

図５　乾乳牛と泌乳牛(日乳量29.5kg)のエネルギー摂取量とその分配(HPが熱発生量)

それに対して、泌乳牛(平均日乳量29.5kg)では飼料摂取量が急激に増えるため、乳に利用されるエネルギー(94MJ／日)を差し引いても体内の熱発生量(113MJ／日)が乾乳牛よりも多くなります。日乳量が40～50kgに達する高泌乳牛では多量の飼料摂取によって熱発生量はさらに増加し、夏季に体温を上昇させる要因になるので、泌乳最盛期の乳牛では暑熱ストレスの影響が最も大きくなります。

２）夏季分娩牛の体温調節の仕組みと生理機能

暑熱ストレスは夏季分娩牛に及ぼす影響も大きいですが、**図６**は夏季と秋・冬季分娩牛32頭に分娩４週間前からTDNの維持要求量給与(M：乾物摂取量６kg)区、維持＋妊娠要求量給与(MP：乾物摂取量8.5kg)区とMP区の1.2倍給与(HMP：乾物摂取量10.3kg)区を設けた試験結果を示しました。

栄養状態が良好な分娩前の牛では胎子の正常な成長のために増体量が１kg／日近くになりますが、飼料摂取量が少ないM区では増体量が約0.2kg／日と少なく、また夏季分娩牛ではMP区でも増体量が0.2kg／日でした。

冷涼な秋・冬季分娩牛では飼料摂取量の増加とともに熱発生量が増加するため、体温はHMP区で最も高くなりました。しかし、暑

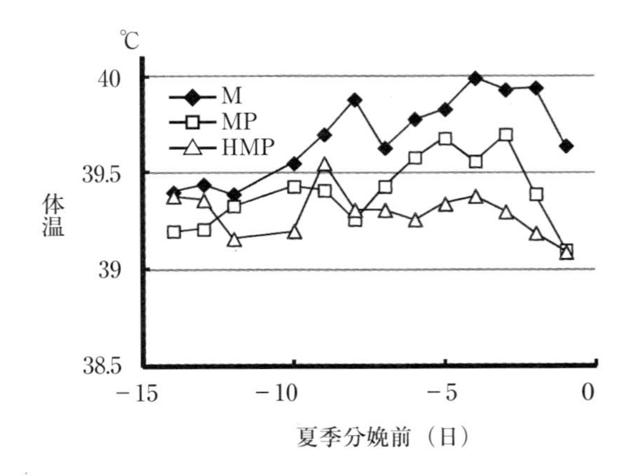

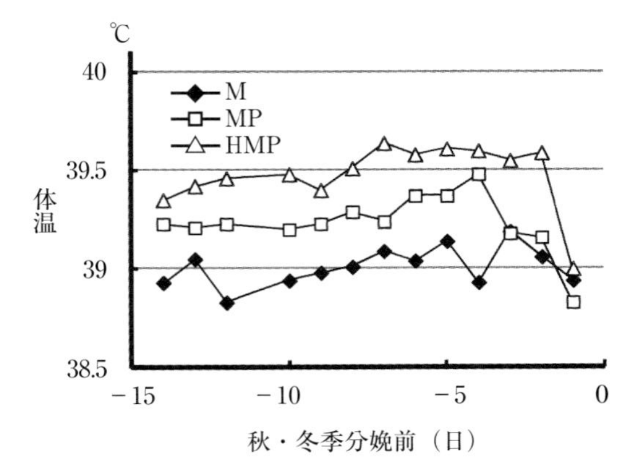

図６　夏季および秋・冬季分娩牛の分娩前の体温の変動(ｎ＝32；午後３時30分に測定)

熱ストレスの影響を受ける夏季分娩牛では逆に飼料摂取量の少ないM区の体温が最も高くなっています。このことは、夏季分娩の乳牛は栄養不足により体脂肪をエネルギーに変換して体内代謝に利用したものの、夏季分娩牛では周囲の環境温度が高いために脂肪燃焼で発生した熱を十分に放散できなかったことが原因と考えられます。

この試験では夏季に乳牛が栄養不足になると分娩前の体温が急上昇し、特に分娩直前に体温は危険域の40℃にも達して、分娩後には４頭のうち２頭が体調不良になりました。このような事例は農家でもよく見られ、夏季に熱中症などで死亡することも多いため、夏季分娩牛には十分な注意が必要です。特に、夏季分娩牛では分娩による生理的ストレスに暑熱ストレスが加わって分娩前の飼料摂取量が減少しやすいので、適切な飼養管理で飼料摂取量を増やすことが重要です。

■高泌乳牛の繁殖機能と暑熱ストレス

高泌乳牛の繁殖機能の課題では、エネルギー不足による受胎率の低下が顕著なことを指摘できます。高泌乳牛の最大の特徴は、遺伝的改良により分娩直後の乳量が急増するのに対して、エネルギー不足による体重減少が非常に大きいことです。

特に、分娩と泌乳開始によって高泌乳牛の生理機能は急激に変動しますが、栄養管理が適切でないと高泌乳牛では代謝障害・繁殖障害などが多発し、その後の乳量減少や受胎率低下につながります。

図７には高泌乳牛の乳生産の特徴を示していますが、乳量は分娩３日後に30kgを超え、７日後には40kgに達するなど、遺伝的改良による効果がこの時期に顕著に現れています。

しかし、高泌乳牛は乳量の急激な増加に対して乾物摂取量の増加が追い付かないため、分娩後１週間は体重だけでなく、タンパク質とミネラル蓄積量が極度に減少し、その影響は分娩３週後まで続いています。

高泌乳牛は遺伝的能力が高いため、夏季分娩牛でも乳量は図７と近似します。しかし、夏季分娩牛では分娩直後に乳量増加によるエネルギー不足だけでなく、暑熱ストレスによる飼料摂取量の減少が加わって、エネルギーが極度に不足します。このことが暑熱期における典型的な生理的特徴ですが、極度のエネルギー不足は高泌乳牛の生理機能だけでなく、繁殖機能にも多大な悪影響を及ぼし、受胎率低下が顕著になります。

夏季には体温の急上昇によって卵管、子宮などの生殖器の温度が上昇することも大きな問題です。生殖器の温度上昇は人工授精後の精子の活性を低下させるだけでなく、受精後の初期胚の死滅を高めるため、乳牛の受胎率が低下します。

暑熱期の高泌乳牛の受胎率向上では、分娩後の乾物摂取量を早期に増やしてエネルギー不足を解消することが最も重要ですが、そのためには飼養管理にさまざまな工夫を加える

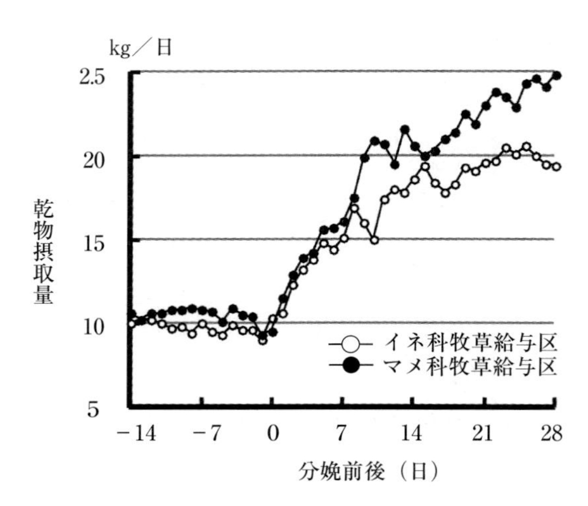

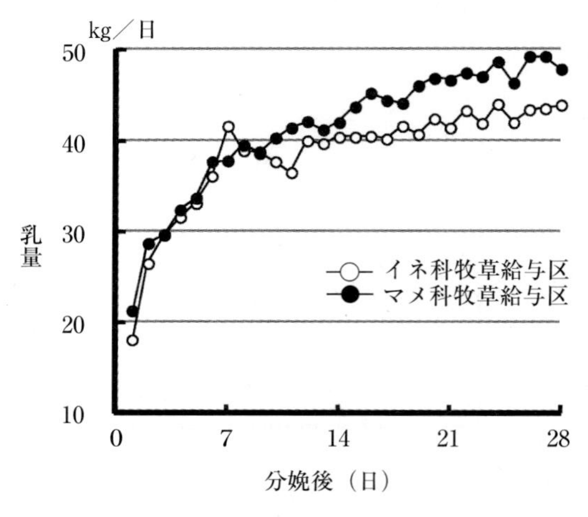

図７　イネ科牧草給与区とマメ科牧草給与区の乾物摂取量と乳量（n＝13）

ことが欠かせません。

■暑熱ストレスを低減する栄養管理

高泌乳牛の栄養管理の基本はエネルギー、タンパク質、ミネラル、ビタミンなどの栄養素をバランスよく給与するとともに、高乳量の維持のためにエネルギー摂取量を分娩後早期に増加させることです。

高泌乳牛では暑熱ストレスの影響により飼料摂取量が急減するため、多くの牛がエネルギー不足になり、その影響は分娩前後から泌乳最盛期に特に大きくなります。適温環境でも妊娠末期から泌乳前期に高泌乳牛の健康が損なわれやすいので、暑熱期では健康維持のためにこの時期の適切な栄養管理が欠かせません。

高泌乳牛ではエネルギー要求量を早期に満たすことが乳生産と繁殖成績の改善に第一に必要ですが、暑熱ストレスの影響を低減するためには無駄な熱発生量を少なくして、摂取したエネルギーを優先的に乳生産に使うことが大事です。

栄養素の代謝に伴う熱量増加はタンパク質、炭水化物、脂肪の順に少なくなり、セルロースなどの繊維成分よりもでん粉などの濃厚飼料で少なくなります。また、品質の低下した粗飼料を給与するとルーメンからの熱発生量が非常に多くなりますので、夏季の栄養管理ではエネルギー含量の高い濃厚飼料、良質粗飼料、脂肪酸カルシウムなどをTMRで給与することが大切です。

夏季の栄養管理では、タンパク質を過剰給与しないことも重要です。タンパク質は乳量増加のために必須な栄養素ですが、過剰給与されたタンパク質は血漿（けっしょう）尿素態窒素濃度を高めて尿中に窒素として排せつされるため、タンパク質が無駄になるだけでなく、エネルギーの無駄にもなります。

また、過剰に摂取した窒素を体内で尿素態窒素に変換する際に多量のエネルギーを必要とするため、高泌乳牛では熱発生量が増加し、体温が上昇します。特に、分解性タンパク質の過剰給与は熱発生量をさらに高めるので、夏季には加熱大豆などを給与して、非分解性タンパク質の給与比率を高めることが大切です。

乳牛の防暑対策としては、抗酸化作用のあるビタミンとミネラルの給与も重要ですが、栄養管理の改善だけではなく、畜舎環境の改善も併せて実施することも忘れてはなりません。一般に、畜舎は換気が良く、断熱性の優れた屋根や日射を避ける庇陰（ひいん）施設などを備え、畜舎内には送風機や噴霧装置を設置して、送風や散水により牛体からの熱放散を促進することが効果的です。加えて、TMRの多回給与や涼しい朝や夜間に飼料給与することでも防暑対策の効果が高まります。

21世紀になって地球温暖化はさらに進み、世界中で夏季の気温が急上昇しています。高泌乳牛では熱発生量が急激に増加しているため、夏季の暑熱対策の重要性は一層高まっています。本稿の最後に強調しておきたいことは、酪農家は適切な暑熱対策を毎年実施して、高泌乳牛の長命連産に努めてほしいことです。特に、猛暑は忘れたころにやって来るので、適切な暑熱対策を毎年実施していれば猛暑による急激な生産性低下を軽減することができます。

2　暑熱感作を和らげる牛舎環境

池口　厚男

地球温暖化に伴う気候変動により気温の上昇と温度が高い期間が長くなる傾向にあります。暑熱対策は防疫と同様に日本の畜産の大きな課題です。2015年の夏には、廃用あるいは死亡した乳用牛は959 頭、肉用牛は235頭でした(農林水産省発表)。このように廃用や死亡に至らなくとも乳量や受胎率の低下、乳房炎の発症の関与など生産性低下を招きます。

暑熱対策の課題は古くからの課題でした。一般的な対策は細霧と送風ですが、十分に機能していないのが現状です。また、開放型牛舎(自然換気のため側壁はなく、柱のみで開口部が大きく取られた牛舎)では軒高さを高くし換気を良くしようとしていますが、結局送風機を導入せざるを得ない状況です。

暑熱対策は単一の対策では解決しないと思われます。なぜなら牛舎における熱の流れは単一でないからです。複数の対策を同時に取ることで暑熱ストレスを緩和できます。そのためには、畜舎における熱の流れを把握する必要があります。また、湿度の影響も忘れてはいけません。特に牛にとっては、気温よりも空気中の水分の影響の方が大きいのです。

ここでは、牛舎における熱の流れを明らかにし、牛体への熱負荷を緩和する方策を述べます。また、筆者が実施した研究の一部を紹介し、牛舎の換気方式による新たな暑熱対策を解説します。

■牛舎内の熱の流れ

防暑対策を解説する前に、牛舎内の熱の流れを把握することが重要です(**図1**)。基本は牛体に入る熱をできるだけ減らし、牛からできるだけ多くの熱を奪うことです。

熱には顕熱と潜熱があり、顕熱は物体の温度が変化するのに使用される熱です。潜熱は物体の相変化に使われる熱、例えば水が気化するのに必要な熱です。熱源は太陽と牛です。太陽から来る熱をできるだけ遮断し、牛からできるだけ多くの熱を奪うことが防暑につながります。熱は熱力学第一法則に従うので、対象とする系で増えたり減ったりせず、保存されます。図1の場合の顕熱の熱収支は式(1)に、潜熱の熱収支は式(2)で示されます。

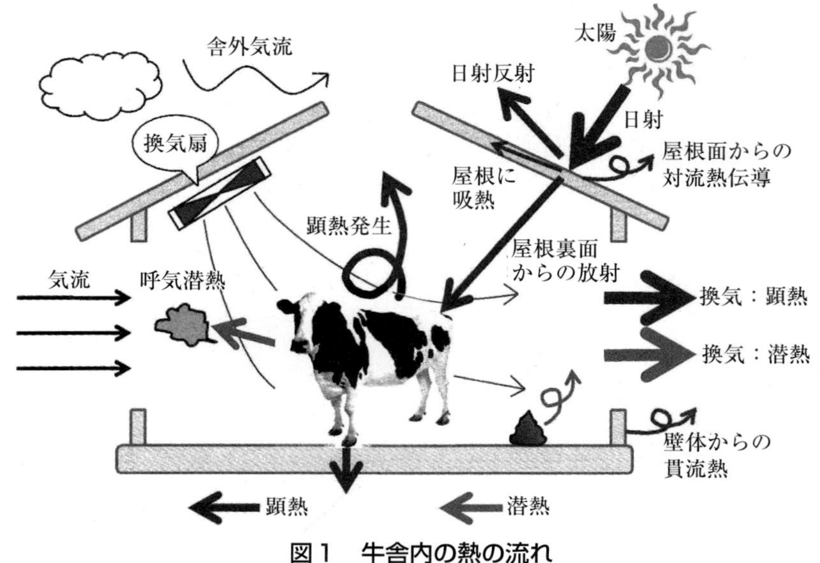

図１　牛舎内の熱の流れ

顕熱収支式

(畜体からの発生顕熱)＋(太陽放射のうち畜舎内に入る熱)－(畜体から床へ伝わる熱)－(換気によって持ち去られる熱)－(畜舎の壁、屋根から舎外への貫流熱)＝0 (1)

潜熱収支式

(畜体からの発生潜熱)＋(床面からの発生潜熱)－(換気によって持ち去られる潜熱)＝0 (2)

式(1)における牛の体表面での熱収支を見た場合、牛体に入る熱は❶舎内側・屋根面からの放射熱、牛体から出る熱は❷舎内気流による対流熱伝達で体表面から持ち去られる熱と❸体が床と接している面から床へ伝導伝熱で流れる熱です。❶の熱を小さく、❷と❸の熱を大きくする方策を取ることが防暑になります。熱は温度の高い所から低い所に流れるので、温度差が大きいとそれだけ多くの熱が流れます。また、潜熱では呼気からの潜熱をできるだけ大きくする必要があります。大きくするためには気流で流れてくる舎内の空気中の水分量を小さくするか、気流の量を大きくする必要があります。

■熱ストレスの環境要因と牛の温熱指標

畜舎内環境は熱環境と空気衛生環境に大別されます。暑熱に関する環境は前者であり、その環境要因は温度、湿度、放射、気流が挙げられます。これらの各要因を個別に制御することも可能ですが、1つを制御すると他の要因の値がそれに伴って変化します。これら全ての要因が牛への熱負荷となるので、牛に対する温熱指標で熱ストレスを評価し、舎内を制御することが大切です。

一般的によく用いられる指標にTHI(Temperature Humidity Index)があります[1)]。これは次の式(3)で表されます。

$$THI=(0.8\times T_{DB})+\frac{RH}{100}\times(T_{DB}-14.4)+46.4 \quad (3)$$

THI：温熱指標(－)、TDB：乾球温度(℃)、RH：相対湿度(%)

式(3)には乾球温度と相対湿度が因子として入っています。前節で述べたように夏季に牛は体の熱を呼気からの水蒸気で逃がすからです。ですから、相対湿度が高いと十分に熱を逃がすことができません。同じ舎内温度でも相対湿度が高い環境では、牛に対する熱負荷が大きいことになります。THIが72以上になると乳量が下がります。他に有効温度ET(Effective Temperature)という指標があります。式(4)のように表され、THIと異なり、直接湿球温度が因子として入っています。

$$ET=(0.35\times T_{DB})+0.65\times T_{DB} \quad (4)$$

ET：有効温度(℃)、TWB：湿球温度(℃)

この式を見ると、湿球温度の割合の方が大きくなっています。牛の熱ストレスは、空気中の水分の影響を大きく受けることを表しています。ETが19℃で呼吸数が上がり、21℃で体温が上がり、22℃で乳量が下がります[2)]。

しかしながら、牛に対する熱負荷は、「牛舎の熱の流れ」で解説したように放射、気流によっても変わるので、本来であればこれらの項を加味した指標を用いる必要があります。

式(5)に示す修正THIという指標もあります[2)]。

$$adTHI=(4.51\times THI)-1.992\times WS+0.0068\times S \quad (5)$$

adTHI：修正THI(-)、WS：気流速(m/s)、S：放射(W/m^2)

式(5)を使用するには放射や気流速を測定しなければならないので、そのためのセンサが必要となります。従って温度、相対湿度だけの式(3)がもっぱら用いられます。

牛への熱負荷で重要な点は、症状が遅れて出るということです。牛に熱負荷がかかってから3日後に乳量が下がります。症状が現れてから対策を取ったのでは遅いのです。早めに対策を講じることが肝要です。

■熱負荷の低減策

防暑対策の基本的な考え方は「牛舎の熱の

流れ」で述べた通りです。牛体に出入りする熱の流れは複数ありますから(図１)、１つの対策ではなく、熱の流れに合わせた複数の対策を取ることが重要です。

１)日射の軽減

一番の負荷の熱源は太陽です。太陽からの日射を断つ方策は従来から、屋根を白く塗装したり、屋根に散水して温度を下げる方法、牛舎の周囲に樹木を植栽する方法があります。後者は厳密には日射だけではない他の効果もあります。日射を屋根で遮る方法は２つあります。

１つは、舎外側の屋根表面で日射反射を多くすることです。そのためには日射反射率の良い色や塗料を屋根の表面に塗布するか、そのような材で屋根をつくるかです。筆者らの実験[3]によると、スレート(灰色)の日射反射率は約40%ですが、白色塗装されたFRPでは約90%の日射反射率がありました。同じガリバリウム鋼板でも銀色の日射反射率は約50%で、白色では78%でした。

一般には銀色の日射反射の方が良いと思われがちですが、白色の方が日射反射率は高いのです。前記は、銀色のガリバリウム鋼板では日射量の50%が熱として屋根が受けるのに対して、白色のガリバリウム鋼板では日射量のわずか22%が熱として屋根に入ってくることを意味します。同じ白色でも表面の性状によって日射反射率が異なり、FRPでは約90%近い日射反射率に対して、白色のガリバリウム鋼板では約80%の日射反射率でした。

この日射反射率の差は屋根内部に伝わる熱量の差を生じ、屋根裏面温度の差として表れ、最終的には牛体が受ける熱量の差となります。筆者の実験では白色塗装をした部材とクリーム色の同部材での表面温度差は夏季の晴天時において約20℃、白色塗装をしたものが低くなりました。色が違うだけでこれだけの温度差として表れるのです。

２番目の日射の流入抑制は、屋根裏側に断熱材を敷設することです。断熱材は高価ですので一般的には２～３㎝厚の断熱材を屋根の舎内側に敷設してあります。筆者らの実験では銀色ガリバリウム鋼板(0.3㎜厚)と銀色ガリバリウム鋼板＋断熱材(５㎝厚)では舎内側屋根面温度はそれぞれ76.2℃と37.0℃となり、断熱材を敷設すると舎内側の表面温度は約半分となりました。舎内側屋根面温度が10℃高いと、牛体に入射する放射熱は約60 W／㎡程度高くなります。できるだけ舎内側屋根面温度を下げることで牛への放射熱が軽減されます。

最近、ソーラーパネルを牛舎の屋根へ設置するのが多く見られるようになりました。ソーラーパネルで牛舎内への放射熱を軽減することが可能です。

２)牛体から熱を奪う方法

牛体から熱を奪う方法は、牛体に気流を当てることと牛体表面をぬらす方法に大別され、また、これらの組み合わせがあります。気流によって牛体表面から対流で熱を奪いますが、その気流の温度が低く、気流の速度が速ければ奪う熱の量も多くなります。細霧あるいは水滴を直接牛体に当てた後に送風し、潜熱と対流で牛体から熱をさらに多く持ち去るという方法もあります。

夏季における推奨されるホルスタイン１頭当たりの換気量は、Bickertら[4]によると0.22㎥／ｓといわれています。また、牛体近傍の気流速は2.0～3.0ｍ／ｓが推奨されています。できるだけ風を入れて自然換気を行うことを目標として開放型牛舎で軒高さを高くした牛舎があります。しかしながら、ほとんどの牛舎では送風機が設置されています。このことは自然換気だけでは十分に風を呼び込めないことを意味しています。開放型牛舎では防暑対策として送風と細霧の併用が一般的です。これらは式(３)のTHIか、舎内温度によって制御されています。

ここで気を付けておかなければならないのは、細霧をすると気化冷却で乾球温度は下がりますが、湿球温度が上がることです。式(４)に見られたように湿球温度が上がると牛への熱負荷が増えます。状態によっては、細霧が全く無駄である場合が出てきます。また、送風も送風機の下や送風機の軸上では気流速がありますが、少し外れた位置では、気流速はなくなります。送風のやり方で大きく防暑効果が異なってきます。

空気中の水分量を下げる(除湿)にはデシカ

ント冷房や空調機が必要となり、コストの面で導入は困難であると思われます。

■熱負荷を和らげる新たな牛舎システム

牛から熱を奪うにはいかに速い気流を牛の体に供給するかにかかっています。つなぎ牛舎の場合は牛の移動がないので、送風機の設置を工夫すれば推奨されている気流速を提供できます。フリーストール牛舎やフリーバーン牛舎では牛が移動するため、従来の開放型牛舎の送風機を設置しても気流の供給は困難です。

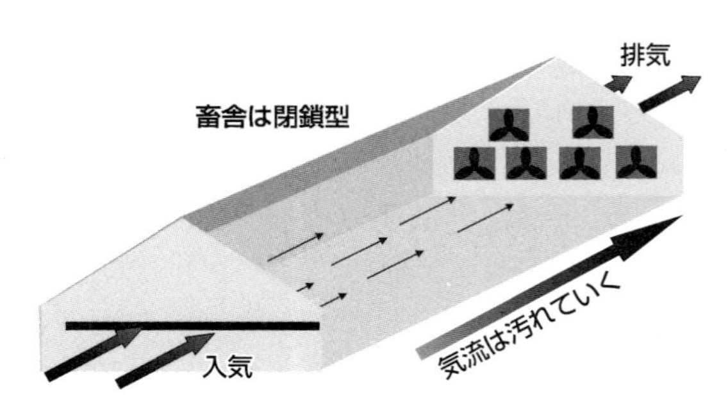

図2　トンネル換気方式

そこでトンネル換気システム(**図2**)が防暑対策で最も効果があるといわれてきました。トンネル換気は畜舎を閉鎖型にし、妻面から入気して反対側の妻面の排気ファンで排気する換気方式です。この換気方式が最も速い面積速度を供給することができます。牛舎において閉鎖型は欧州やアメリカの寒冷地帯のもので、日本の気候には不向きと思われるかもしれません。しかし、日本よりも暑いマレーシア、台湾でも閉鎖型トンネル換気搾乳牛舎があり、乳量の増加が報告されています[5)]。このことは日本でも十分活用が可能なことを示唆しており、現に北海道でも導入例が見られます。

トンネル換気システムの欠点は、畜舎内に環境要因の分布が大きく生じ、かつその調整が困難なことです。気流が畜舎の長手方向にファンへ向かって流れるに従い熱、粉塵、ガス、細菌などを運びながら汚れて行くため、排気に近い区域の環境が悪くなります。また、この方式は気流が速いため寒冷期には適さないといわれています。

そこで筆者らは、2014年度から15年度に農研機構生研センターが実施した「攻めの農林水産業の実現に向けた革新的技術緊急展開事業」において閉鎖型プッシュ&プル横断換気牛舎システム(次世代閉鎖型牛舎)を開発しました。これはトンネル換気の欠点を補ったもので、気流の制御を容易にするために畜舎の横断方向に気流を流す、LPCV (Low-Profile Cross-Ventilated)という換気方式です。開発した牛舎を**図3**に示します。この方式はアメリカにおいて閉鎖型の牛舎として導入されています。天井あるいは棟高さを低く(屋根勾配がなだらか)して、換気容積を小さくします。棟高さが低いので建設コストを抑えられるメリットもあり

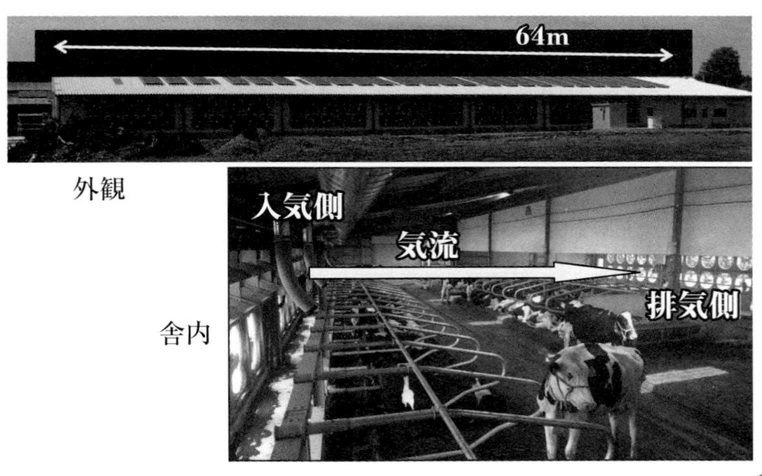

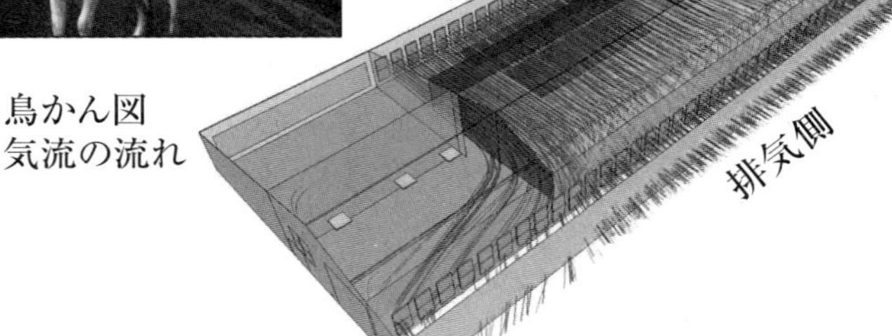

図3　次世代閉鎖型牛舎

ます。さらに給気側(入気側)に舎内に押し込むための換気扇があるのが特徴です。これによって舎内の気流を均一にすることができます。

また、入気と排気の換気扇の風量を制御することで舎内を陰圧にも陽圧にもすることができます。舎内は空間的に均一に2.0ｍ／s以上の気流を提供できます。速い気流によって牛の体から対流熱伝達で多くの熱を奪うことが可能となります。

次世代閉鎖型牛舎は研究用のため、換気扇の台数が多く、建設費とランニングコストが高いと思われるかもしれません。しかし、本研究成果の１つとして、入排気の換気扇の台数をそれぞれ半分にすることが可能であることが明らかになりました。

また、従来の防暑対策である送風と細霧装置を設置した開放型牛舎と比較しました。舎内は次世代閉鎖型牛舎内の方が熱負荷が小さくなりました(**図４**)。牛の呼吸数も夏季に10回／分ほど低くなり、熱ストレスの軽減が見られました。夏季の乳量はそれぞれの実乳量と期待乳量の差で比較すると、開放型牛舎では期待乳量よりも低くなりましたが、次世代閉鎖型牛舎の牛は期待乳量よりも約６kg／日・頭ほど多く出ました。種付け回数は次世代閉鎖型牛舎の方が１回少なくなりました。このように生産、繁殖成績に防暑効果が現れました。

一般的に日本の酪農では閉鎖型畜舎は適切でないと思われがちですが、理論的に開放型よりも効果がある閉鎖型畜舎が建設可能です。後は経済性ですが、本研究で経済性の評価を行っており、別途公表する予定です。暑熱感作を和らげる畜舎環境づくりの考え方と具体的な方策、筆者らが進めている次世代閉鎖型牛舎について延べました。基本は熱の流れを把握して、その流れを遮断したり、促進することです。前記には記載しませんでしたが、ヒートポンプの利用もあります。ヒートポンプを用いれば、低温で低湿度の空気が得られるので、防暑に最適です。冷風の配風法や経済性の課題があります。いずれにせよ、防暑対策は複数の方策を同時に実施することが肝要です。

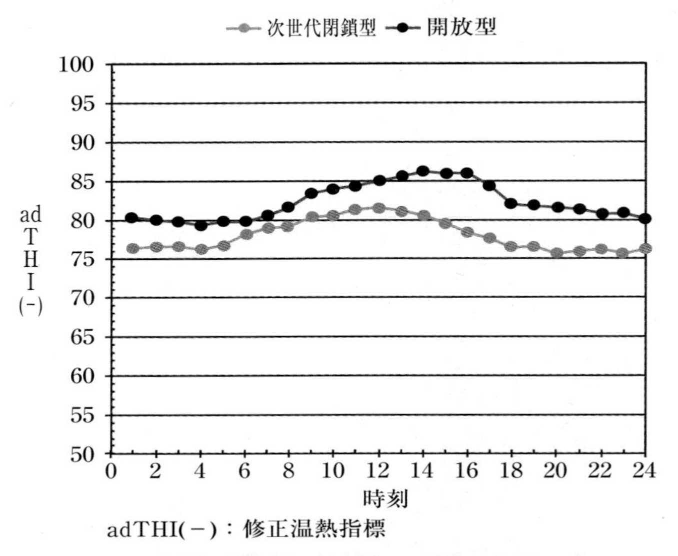

図4　舎内温熱指標の比較(2015年7月19日)

【参考文献】

1)徳島県立農林水産総合技術センター畜産研究所、香川県畜産試験場、愛媛県畜産試験場、高知県畜産試験場. 2000.

先端技術地域実用化促進事業報告書、「乳牛夏バテ症候群の実用的早期発見技術の開発と効果的対応技術の実証」

2)Shuhai Li, K.G.Gebremedhin, C.N.Lee, R.J.Collier. 2009. Evaluation of thermal stress indices for cattle. 2009 ASABE Annual International Meeting at Nevada, Paper number 096003.

3)藤田世界、池口厚男、干場信司、奈良誠、相原良安. 1990. 畜舎用外装材の日射熱特性、平成2年度農業施設学会大会要旨: 65-66.

4)W.G.Bickert, B.Holmes, K.Janni, D.Kammel, R.Stowell and J.Zulovich. 2000. Building environment, In: Dairy freestall houseing and equipment, MWPS-7, Ch. 7: 77-91.

5)J.B. Liang, N.Yogendran, S.Mohd Alwis. 2009. Wet-pad ventilated closed-house for dairy cows in Malaysia.

Asian dairy conference, series 1, Dairy Cattle House, Rakuno Gakuen University, 39 - 44.

第Ⅶ章

高乳量を維持する

第Ⅶ章 高乳量を維持する

1　検定成績を乳量・乳質・繁殖向上に生かす

菊地　実

■出荷乳量に影響を与える要因

経営の良しあしを決定しているのは、「バルクに入った乳の量」と「死んだ、あるいは死んだも同然の牛の数」です。バルクに入った乳の量は、「1日1頭当たり出荷乳量」×搾乳頭数です。1日1頭当たり出荷乳量に影響を与えているのは、まず乳房炎、次に分娩間隔、そして初産牛の乳量です。それぞれの考え方は次の通りです。

乳房炎（体細胞数）はその牛群の管理水準を反映したもので、体細胞数はある日突然、激増することはあっても、何の原因もなく激減することはありません。

群の分娩間隔（平均搾乳日数）に強い影響を与えているのは、周産期の健康状態です。この場合の周産期は分娩前後3週間、計6週間を意味します。その周産期、特に乾乳後期（クロースアップ）の栄養が周産期全体の健康と、その乳期の乳量および繁殖成績を支配しているといっても過言ではないでしょう。

初産牛の乳量を決定しているのは、体格と分娩前の栄養摂取量です。

1日1頭当たり出荷乳量であれ、経産牛1頭当たり年間乳量であれ、初産牛の乳量の多寡が大きく影響しています。いずれにしろ、粗飼料の品質や天候の影響も含めて、分娩前後（周産期）をどのように過ごしたかによって、その牛の命運が分かれます。

■体細胞数から乳房炎の原因を探る

乳房炎の状態を正しく反映しているのは、**表1**が示している体細胞数7万／mℓ以下（北海道はリニアスコア2以下と併記）の割合です。体細胞数7万／mℓ以下は乳房炎ではない牛であり、その割合が牛群の乳房炎コントロールの水準を示しています。例えば表1のA牧場の場合、過去1カ年の乳房炎ではない牛の割合は36％であり、前年1カ年のそれは36％です。前年に対して過去1カ年は、乳房炎が増加も減少もしていないことが示されています。

A牧場の目の付け所は、12月から2月の間に乳房炎でない牛の割合が下がっていることです。これは寒さの影響を受けていたと予測できます。もし、この期間に発症した乳房炎の起因菌がSA（黄色ブドウ球菌）だとすると、冬期間にSA感染を起こし、春から秋にかけて治癒し、再び冬を迎えてSA感染牛が増すという構図があります。このケースの場合は、寒冷期に乳頭をケアできるディッピング剤を使うことが重要な対策になります。

一方、B牧場の体細胞数7万／mℓ以下の割合は、年間平均で70％ですから、相当に乳質の良い牧場と理解できます。しかし、平均リ

表1　年間の体細胞数の比較

移動13カ月成績	A牧場 体細胞								B牧場 体細胞							
	平均	リニアスコア					乳量損失率	損失乳代（月当たり）	平均	リニアスコア					乳量損失率	損失乳代（月当たり）
検定月日		平均	2以下 ～7.0万	3～4 7.1万～28.2万	5以上 28.3万～	新規5以上				平均	2以下 ～7.0万	3～4 7.1万～28.2万	5以上 28.3万～	新規5以上		
	千		%	%	%	%	%	千円	千		%	%	%	%	%	千円
2. 22	409	3. 8	28	45	28	25	3	82	215	1. 8	76	13	10	7	1	99
3. 17	225	3. 0	44	41	15	8	2	61	171	2. 1	68	19	13	11	1	100
4. 16	229	3. 0	40	43	17	12	2	69	133	1. 8	75	16	9	4	1	73
5. 20	171	2. 7	56	27	17	12	1	62	93	1. 9	73	19	9	7	1	77
6. 26	153	2. 7	44	33	22	11	2	70	101	1. 7	72	18	9	5	1	80
7. 21	270	3. 4	36	36	29	19	2	84	243	2. 1	68	19	13	10	1	113
8. 19	257	3. 4	36	33	31	27	2	87	173	2. 0	67	22	10	6	1	100
9. 16	318	3. 7	33	30	37	23	2	88	273	2. 2	71	17	12	11	1	110
10. 27	171	3. 1	42	39	18	8	2	63	95	1. 7	76	17	8	4	1	66
11. 17	326	3. 5	30	45	25	18	2	96	158	2. 5	59	26	14	12	1	132
12. 22	192	3. 3	24	59	17	15	2	88	116	1. 9	68	23	10	6	1	99
1. 23	321	3. 8	21	43	36	24	3	104	212	2. 2	65	20	15	11	1	118
2. 22	234	3. 2	36	40	24	7	2	74	170	1. 7	76	13	11	7	1	97
平均・計	251	3. 3	36	39	25	17	2	80	167	2. 0	70	19	11	8	1	97
前年成績	242	3. 2	36	43	21	14	2	63	148	2. 1	68	21	10	7	1	105

表2　初産牛の体細胞数の推移

検定日乳量階層	頭数	1産 21日以下	22日〜	50日〜	100日〜	200日〜	300日以上
kg	頭	頭	頭	頭	頭	頭	頭
55以上							
50							
45	1						
40	4						
35	8			1		1	
30	18		1	3	4		1
25	33	1	2	3	5	5	
20	31	1	1	2	3	4	
15	12						2
15未満	17						2
頭数	124	2	4	9	12	10	5
平均乳量		23.3	27.0	28.5	27.3	27.0	19.1
乳脂　%		3.66	3.85	4.01	4.35	4.15	4.14
蛋白　%		3.65	3.04	3.27	3.48	3.53	3.68
無脂　%		9.19	8.69	8.96	9.14	9.07	9.05
MUN　mg/dl		12.4	12.9	13.8	14.7	14.2	14.7
P/F比　%		100	79	81	80	85	89
体細胞数（千）		49	24	23	98	248	160
リニアスコア		2.0	0.8	0.9	1.2	2.0	3.0
スコア5以上出現率%					8	10	20
濃飼量		15.0	15.0	15.0	15.0	15.0	15.0

ニアスコアを見ると、７月から９月に2.0を超えています。暑熱期に何かの対策を取ることで、さらに効率が上がると考えられます。

過搾乳は、乳房炎の主要な原因の一つです。過搾乳の有無は、検定日乳量階層別データの初産牛の平均体細胞数を見ることで判断できます。**表２**の牧場は、搾乳日数が進むにつれて初産牛の体細胞数が増していることが分かります。

乳房炎はゼロにできませんが、減らすことは可能です。体細胞数の月別推移や搾乳日数別の推移を概観し、傾向を知ることが重要です。例えば搾乳日数や産次数に発症の偏りがあれば、それが問題解決の糸口です。原因を絞り込むための観点は、**表３**に示した４つです。この４つのうちの１つか２つが影響して乳房炎が増える、あるいは減らない状況に陥ります。

原因を絞り込むことができれば、具体的な対策を取ることができます。対策が効果的であったかどうかの検証は、前述した体細胞数７万／mℓ以下の割合と、併せて表１の新規リニアスコア５以上（新規に乳房炎になった牛）の割合が増えているかどうかで判断します。例えば、A牧場は緩やかに深刻な方向に向かっていますが、B牧場は安定しています。

実際上は、毎日の搾乳で見つける（記録される）乳房炎発症頭数が最優先です。重要なのは、乳房炎を患っている頭数（有病率）ではなく、新しく発症した頭数（発症率）です。対策を取った後に、発症率が下がってくれば対策は成功です。

■分娩、乳量データから分かること

１）搾乳日数と乳量

検定成績の１日１頭当たり乳量を、正当に評価する必要があります。例えば、**表４**の１月の検定で示された平均乳量は35kgで、この時の搾乳日数は159日です。次に、直近５月の検定で示された平均乳量は32.1kgで搾乳日数は200日です。単純に捉えれば１月に対し５月は約３kg乳量が下がり、搾乳日数が41日間延びたことになります。この違いを正当に評価するためには、**表５**の搾乳日数と乳量損失の関係を基に計算する必要があります。

表５は経産牛１頭当たり乳量ごとに、搾乳日数が１日延びたときの損失を示したものです。例えば表４の牛群が１万kg牛群であったとすると、搾乳日数１日の影響度は約100ｇで

表3　観点の整理

1. ハード（ミルカ、牛床）の問題・課題
2. ソフト（栄養、搾乳衛生）の問題・課題

表4　搾乳日数と乳量の関係

移動13カ月成績 検定月日	牛群構成 経産牛	搾乳牛	搾乳日数率	搾乳日数	分娩 頭数	初産	雌
	頭	頭	%	日	頭	頭	頭
5.14	82	67	80	206	8	3	3
6.11	84	68	80	195	15	9	10
7.9	89	69	86	171	6	3	1
8.10	90	71	78	165	10	1	4
9.10	87	68	76	158	7		2
10.5	87	70	81	154	9		4
11.6	83	71	83	149	4	1	2
12.10	82	73	88	163	5	1	2
1.6	79	66	83	159	5	1	2
2.12	79	68	87	178	5		5
3.12	73	67	90	186	2		2
4.3	72	68	94	199	6	5	2
5.4	76	66	85	200			
平均・計	81.8	70.3	83	173	82	24	39
前年成績	79.7	69.6	85	176	80	24	37

移動13カ月成績 検定月日	検定日成績／搾乳牛1頭平均 管理乳量	乳量	乳脂	蛋白	無脂	濃飼量
	kg	kg	%	%	%	kg
5.14	31.4	30.6	3.91	3.23	8.78	14.5
6.11	33.7	33.2	4.09	3.26	8.85	12.1
7.9	32.6	33.6	3.78	3.10	8.68	12.3
8.10	29.6	29.9	3.97	3.08	8.60	13.9
9.10	31.3	31.9	3.75	3.13	8.63	13.9
10.5	34.4	31.8	4.45	3.22	8.68	13.9
11.6	33.3	32.9	4.04	3.22	8.77	14.0
12.10	33.6	31.5	4.30	3.30	8.81	13.9
1.6	34.7	35.0	3.93	3.24	8.73	14.1
2.12	35.4	33.6	4.00	3.30	8.83	13.9
3.12	36.3	35.6	3.80	3.20	8.76	13.9
4.3	33.6	32.0	4.11	3.33	8.91	13.9
5.4	32.2	32.1	3.86	3.28	8.85	13.8
平均・計	33.3	32.6	4.01	3.22	8.75	13.7
前年成績	34.1	32.8	4.02	3.26	8.73	14.7

表5　搾乳日数と1日1頭当たり損失乳量

搾乳日数の長期化による損失を泌乳曲線から推定すると次のようになります

搾乳日数 160 日を超えたときの
1日1頭当たりの減少する乳量

産乳量レベル	減少する乳量
7,000kg 台	66g
8,000kg 台	78g
9,000kg 台	89g
10,000kg 台	99g

この数値により年平均の搾乳日数 190 日・60 頭・
9,000 kgレベルで計算すると、

1日当たりの減少する乳量は、
（190−160）日 ×89g×60 頭=160.2 kg / 日

1年間の乳代にすると、
160.2×365 日 × 約 70 円≒ **410 万円 / 年！**

出典：㈳ 北海道酪農検定検査協会

す。前述した例では、５月と１月で搾乳日数が41日延びています。搾乳日数で補正した乳量差は100ｇ×41日＝約４kgと求めることができます。

５月の平均乳量が35kgで１月の乳量が約32kgであれば、単純に計算すると３kg乳量が下がったように見えます。しかし、搾乳日数で補正すると、１月の乳量は下がっているのではなく、１kg上がっていることになります。

分娩間隔が年間出荷乳量に与える影響は大きいものがあります。ある意味、栄養などでカバーできないほどの影響があります。繁殖が１サイクル(21日)延びた場合に、どれほど年間出荷乳量に影響するかを、筆者は次の簡便法で求めています。

21日÷365日＝5.75％

つまり分娩間隔が１サイクル延びるごとに出荷乳量が5.75％減ると計算します。例えば、分娩間隔が450日で年間出荷乳量が500ｔの経営が、分娩間隔を410日に短縮できれば出荷乳量は約10％伸びて550ｔを超えることになります。ここで伸びた50ｔはほぼ純粋に所得増を意味します。

分娩間隔の延長は多くの場合、特定のグループが原因となっています。例えば**表６**の場合は、分娩間隔を431日に延ばしたのは４産のグループです。それを471日に延ばすのも４産以上のグループです。恐らく後産停滞、低カルシウム血症、ケトーシスなどの分娩に起因する疾病が原因となって空胎日数が延びたと予測されます。

表６　分娩間隔

初産分娩月齢	23 以下	24 ～	26 ～	28 ～	30 ～	32 以上	初産分娩月齢	分娩予定平均
	2 頭	1 頭	頭	頭	頭	頭	23 月	25 月
分娩間隔	頭数	364 日以下	365 日～	395 日～	425 日～	455 日以上	分娩平均	予定平均
	頭	%	%	%	%	%	日	日
2　産	7	43		14	29	14	380	456
3　産	6	33	33	17	17		386	515
4 産以上	15	13	13	13	7	53	472	460
平均または合計	28	25	14	14	14	32	431	471

２）牛が痩せることと繁殖の関係

分娩後の牛は、摂取した栄養だけで産乳に必要な栄養を賄えません。そこで、体脂肪と体タンパク質を動員します。これが、「痩せる」です。この意味では、分娩後に牛が痩せることは必然と考えることができます。問題はその程度です。

分娩後１カ月半から２カ月たっても、痩せ止まらない牛が多々います。乾乳期間から痩せ始めている牛も珍しくありません。分娩後、長期間に渡って痩せ止まらない、乾乳期間に痩せる—。これらが牛にとってどのような意味を持つか**図１**と**図２**で説明します。

消化を受けて吸収された栄養は、血管の中を流れて体の各器官に供給されます。血管の中を流れる栄養は体の各部に均等に配分されるのではなく、動物が生存するのに必要な機能の重要度に応じて優先的に配分されます。これがハモンドの栄養素分配説であり、動物の成長と栄養配分の古典的な考え方です。

まず、図１は栄養が充足されている状態です。血管の上下に示した体の各器官にそれぞれ矢印が立っています。その本数は、脳・中枢神経系に５本、胎盤･胎子に４本、骨に３本、筋肉に２本、そして脂肪に１本です。

次に、図２は栄養が不足したときの状態です。矢印の本数は、脳・中枢神経系が４本、胎盤・胎子が３本、骨が２本、筋肉が１本、そして脂肪の矢印は消えています。この状態が「痩せる」です。

栄養素分配の観点から捉えると、牛が痩せる状態は脂肪組織に立っていた矢印が消えた状態です。このときに重要なのは、筋肉から脳･

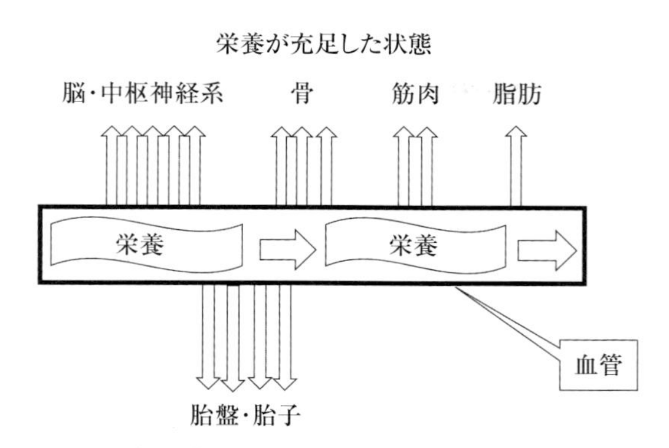

図1　栄養素分配説（栄養が充足した状態）

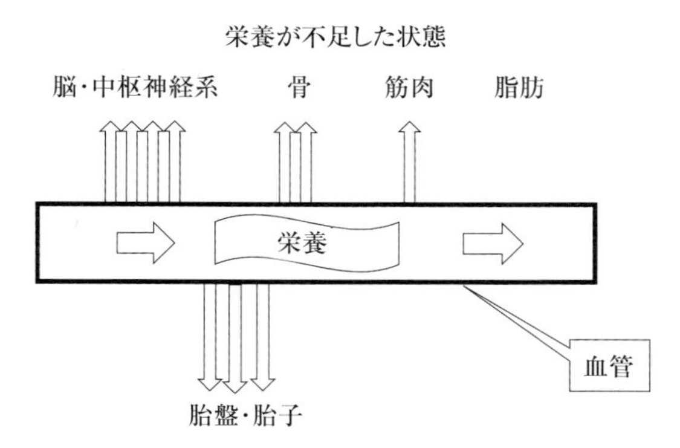

図2　栄養素分配説（栄養が不足した状態）

中枢神経系まで、全ての器官で矢印が１本ずつ消えることです。栄養素分配の観点から捉えると、牛が痩せ止まった状態は、消えた脂肪の矢印が１本復活した状態です。

脂肪の矢印が立つか、消えたかは脳・中枢神経系から筋肉までの各器官に配分される栄養が充足しているか、不足しているかを表します。つまり、牛が痩せるか痩せ止まるかは、各部の器官に配分される栄養の過不足を推し量る目安と考えることができます。

栄養素分配説を基に、牛が痩せる、痩せ止まるを概観すると、われわれが日常的に遭遇する牛の健康と疾病問題、繁殖問題などを明瞭に理解することができます。例えば、牛は痩せ止まらないと発情が来ない。それは繁殖器官に配分される栄養が少ない結果です。それは、栄養が不足すると生命の維持が優先され、繁殖どころではないという意味です。痩せ止まらない牛に、ホルモンプログラムを用いても思ったほどの結果が出ない場合は、牛が生命維持を優先させているからと考えれば納得がいきます。

3）検定日乳量階層データと周産期疾病、繁殖との関係

乳量の分布と乳成分データから、過去にあったことと現在の状況を推定することができます。**表７**の牧場では、２産以上の22日～と50日～のグループで乳量が２つに分布しています。丸線で囲った３頭は、何らかの周産期疾病を患って現在に至ったと考えられる負け組です。それ以外の６頭は勝ち組です。このグループの乳タンパク質率は平均で2.91％および2.97％です。この平均には丸線で囲った負け組も入っており、グループ９頭の平均と捉えて乳タンパク質率を検討しても意味がありません。負け組の３頭は繁殖（受胎）に長期間を要するでしょうが、勝ち組６頭は容易に受胎に至ると予想できます。

表７　乳量と乳成分と繁殖

検定日乳量階層	頭数	1産 21日以下	1産 22日～	1産 50日～	1産 100日～	1産 200日～	1産 300日以上	2産以上 21日以下	2産以上 22日～	2産以上 50日～	2産以上 100日～	2産以上 200日～	2産以上 300日以上
kg	頭	頭	頭	頭	頭	頭	頭	頭	頭	頭	頭	頭	頭
55以上													
50													
45	3								2	1			
40	9									3	4	2	
35	4				1						1	1	1
30	7	1							1	1	1	3	
25	8									1	3	3	1
20	7				1	1						1	4
15	5												5
15未満	2												2
頭数	45	1			2	1			3	6	9	10	13
平均乳量		34.6			28.2	23.9			42.4	39.9	35.8	33.0	20.8
乳脂　%		4.20			3.71	4.73			3.67	3.07	3.56	3.99	4.19
蛋白　%		2.94			3.29	3.72			2.91	2.97	3.34	3.52	3.82
無脂　%		8.63			9.04	9.12			8.50	8.53	8.88	8.82	9.05
MUN　mg/dl		9.0			10.2	8.6			7.4	8.0	8.6	9.3	10.1
P／F比　%		70			89	79			79	97	94	88	91
体細胞数（千）		91			32	77			29	294	167	351	290
リニアスコア		3.0			1.5	3.0			1.0	3.2	2.7	3.7	4.0
スコア5以上出現率%										33	22	30	31
濃飼量		6.0			6.0	6.0			7.0	6.8	6.0	6.0	5.7

第Ⅶ章

表8の牧場では、2産以上の各グループの平均値は乳量も乳成分もそれなりのレベルにあります。しかし乳量分布は広がっており、丸線で囲った勝ち組が10頭、それ以外の負け組が9頭です。この牧場では負け組を半分にするだけで、相当な利益を獲得できると予測できます。それは、乾乳期管理のレベルを上げるための投資が必要であることを意味します。

4）初産牛の乳量

初産牛は牛群の25～35％を構成します。この初産牛の乳量が、牧場の乳量レベルを左右します。**表9**の牧場の場合、初産牛の乳量分布が放物線を描いていません。その原因はいくつか考えられます。

もし体格が小さい場合は、分娩前3カ月以前～4カ月の期間に増し飼いをすることで、分娩後のピーク乳量が2～3kgほど増すことがあります。それは、初産分娩時の事故低減にもつながります。

経産牛との同居群で食い負けが起きている場合は、群の頭数を減らすことで、1頭当たり飼槽占有幅が広がり、牛床（休息）の競合が減り、餌の摂取量が増えて乳量が上がります。

乳量に応じて濃厚飼料を給与している場合は、成長分を見越して濃厚飼料を増すことで乳量が上がります。

表8　乳量と乳成分と繁殖

検定日		1産						2産以上					
乳量階層	頭数	21日以下	22日～	50日～	100日～	200日～	300日以上	21日以下	22日～	50日～	100日～	200日～	300日以上
kg	頭	頭	頭	頭	頭	頭	頭	頭	頭	頭	頭	頭	頭
55以上	2									1	1		
50	1										1		
45	7								1	5	1		
40	1				1								
35	5								1	2		2	
30	12			2	2						5	2	1
25	6	1			2	1	1			1			
20	3					2						1	
15	1												1
15未満	1											1	
頭数	39	1		2	5	3	1		2	9	8	6	2
平均乳量		29.0		32.1	33.3	24.9	26.7		43.5	43.8	39.0	29.0	27.3
乳脂 %		3.96		3.57	3.66	3.69	3.83		3.86	3.41	3.51	3.92	3.93
蛋白 %		3.67		3.09	3.38	3.44	3.42		3.07	3.23	3.32	3.48	4.01
無脂 %		8.94		8.90	9.06	8.92	8.89		8.44	8.75	8.86	8.89	9.49
MUN mg/dl		9.5		9.7	10.1	9.0	9.8		10.3	11.3	11.4	10.5	8.1
P／F比 %		93		87	92	93	89		79	95	95	89	102
体細胞数（千）		88		19	133	47	48		176	211	260	198	53
リニアスコア		3.0		0.5	2.2	1.7	2.0		2.5	2.4	3.4	3.0	2.5
スコア5以上出現率 %									50	22	38	33	
濃飼量		7.4		14.9	14.4	10.2	11.8		14.7	17.5	16.7	12.7	11.4

表9　初産牛の乳量

検定日		1産						2産以上					
乳量階層	頭数	21日以下	22日～	50日～	100日～	200日～	300日以上	21日以下	22日～	50日～	100日～	200日～	300日以上
kg	頭	頭	頭	頭	頭	頭	頭	頭	頭	頭	頭	頭	頭
55以上	1								1				
50	3									3			
45	9								3	5	1		
40	14							1		4	7	2	
35	21			2		2		1	3	4	7	2	
30	30	2	4	2	4	6	1		1	1	5	3	1
25	18			3	1	6	2		1		1	3	1
20	16			1	2	3	1				2	6	1
15	8					1	1					2	4
15未満	7				1	1						1	4
頭数	127	2	4	8	8	19	5	2	9	17	23	19	11
平均乳量		32.0	32.2	30.0	27.8	28.1	24.5	38.9	40.9	44.7	36.1	27.7	17.8
乳脂 %		4.80	3.89	3.42	4.00	4.09	4.46	4.57	3.80	3.58	3.83	4.12	4.54
蛋白 %		3.02	3.08	3.17	3.35	3.44	3.51	3.54	3.12	3.11	3.26	3.52	3.80
無脂 %		8.45	8.65	8.69	8.91	9.09	9.04	8.92	8.69	8.61	8.73	8.94	9.17
MUN mg/dl		9.5	9.4	8.9	8.4	8.9	7.2	9.2	8.1	8.4	9.9	8.9	9.2
P／F比 %		63	79	93	84	84	79	77	82	87	85	85	84
体細胞数（千）		44	21	43	63	24	152	23	69	467	168	67	387
リニアスコア		2.0	0.5	1.1	1.1	0.9	1.6	0.5	1.1	1.4	2.2	1.8	3.9
スコア5以上出現率 %					13		20		11	12	17	11	27
濃飼量		4.0	4.0	4.0	4.0	4.0	4.0	4.0	4.0	4.0	4.0	4.0	4.0

第Ⅶ章 高乳量を維持する

2　高乳量・長命連産と牛群改良

相原　光夫

乳用牛のベストパフォーマンスを実現するためには、牛群の供用期間（生産寿命）の延長すなわち長命連産の達成は大きなポイントの1つとなります。実現するためには飼養管理を改善し、さまざまな周産期病を予防することが肝要です。さらに牛群検定を上手に利用して牛群の能力を見極め、優良な国内種雄牛を使い遺伝的改良を行うことです。

しかしながら一方で、遺伝的改良による高乳量が供用期間を短縮化し、繁殖を悪化させているという声が少なからずあります。本稿では最近のデータの推移などを示しながら、高乳量と長命連産を両立させる遺伝的な牛群改良を解説します。

■泌乳能力の推移

わが国における泌乳能力は、**図1**に示す通り順調に改良が進み、2002年に9,000kgを超え、当時北米との乳量差は700～800kg程度まで縮小していました。ところがその後、それまで年100kgを超えていた乳量の伸びが急速に縮小し、10年以上経過した14年においても9,382kgにとどまっています。

当時、「このままでは牛がつぶれる」「乳量はもういらない」など、能力の向上が長命性に及ぼす影響を懸念する声が聞かれました。世界中で同じ問題を抱えていたはずですが、イスラエルは1万1,363kg、次いでアメリカ1万1,000kg間近となっており、カナダや韓国、スペインも今やわが国を上回っています。

■平均産次数の推移

泌乳能力にブレーキがかかった背景の1つに、「乳量の多い牛は長持ちしない」という考えがあります。根拠とされるのが平均産次の短縮の問題です。本当に平均産次は乳量が伸びたから短くなったのでしょうか？　**図2**は平均産次の推移です。確かに、平均産次は1985年の3.1産が2014年には2.6産と、約30年間で0.4産短くなっています。乳量はこの間7,008kgから9,382kgに向上していますから、一見すると、両者の間に関係があるように見えます。しかし、図1と図2を比較すると乳量は、近年でこそ足踏みしていますが、それまでは毎年徐々に向上してきました、

しかし、平均産次数はある時期にストンと落ちる現象を3回ほど起こしています。1回目が1986年から89年にかけて、2回目が93年、3回目が2006年です。時期によって0.3産から0.1産の低下を見ています。05年の動きは数

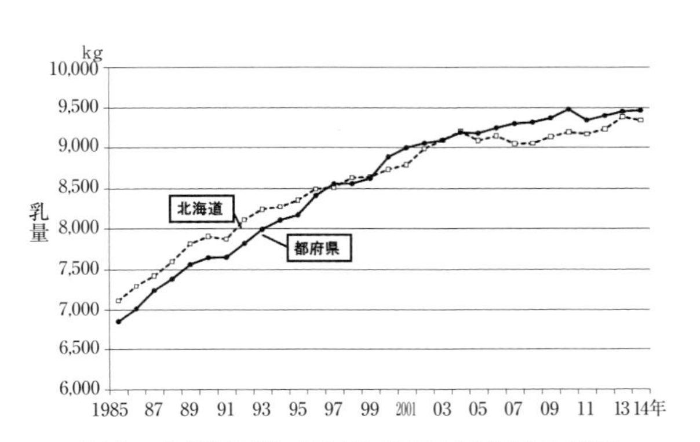

図1　牛群検定における305日乳量の推移

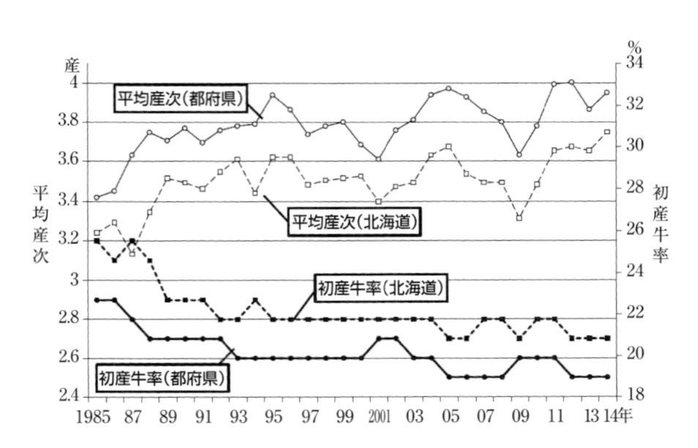

図2　牛群検定の平均産次と初産牛率の推移

第Ⅶ章

年で解消しましたが、基本的にはこの３回の低下現象の先に、現在の平均産次があります。

まず１回目の平均産次の短縮は、減産型計画生産で1987年の牛乳の取引基準が乳脂率3.2%から3.5%に引き上げられた時期に相当します。この時期に行われたのが、乳量が多くても乳脂率の低い産次の進んだ牛の淘汰です。これで一気に0.3、平均産次が低下しました。続いて２回目の平均産次の短縮も減産型計画生産が行われた年です。

そして2005年は、体細胞数の多い牛をターゲットに乳質改善が全国で行われた時期で、やはり体細胞数の高い産次の進んだ牛が陶太されたものです。なお、01年に一時的に平均産次が改善したかのように見えますが、これはBSEにより廃用牛の処理が滞り、農家内に滞留したものですぐに元に戻っています。

このように、平均産次の低下の背景には、「乳量が多いからだ」の一言で済ませることのできない事情が潜んでいるのです。

なお、平均産次2.7と聞いて、「わが国の乳牛は2.7産しかもたない。なんて短命なのだ」と受け取る方がいます。日本人の平均寿命は80歳程度ですが、平均年齢は45歳程度です。これと同じようなもので、平均産次には平均寿命のような意味合いはありません。

■１頭当たり乳量と繁殖の関係

よく聞くところの乳量と繁殖の関係ではどうでしょうか。最近では、乳量が多いと繁殖成績は悪化する関係があるという報告もあるようです。**図３**は検定農家の経産牛１頭当たりの平均乳量別に平均分娩間隔を調査した結果です。乳量階層が上がるほど分娩間隔は短く、下がるほど長くなっています。高乳量を発揮しながら適度の分娩間隔を維持している牛群がある半面、分娩間隔が440日を越える農家も多数あるようです。

繁殖成績の悪化は、泌乳ピーク期の負のエネルギーバランスに起因しているので、乳量と繁殖は相反して両立しないとつい考えがちです。しかし、図３のように高乳量を発揮している農家において分娩間隔を維持できていることは、乾乳期でのクロースアップ期や分娩前後の移行期などを対象とした濃厚飼料馴致(じゅんち)、カルシウムコントロールなどの高度な飼養管理技術への習熟度、発情発見の観察といった基礎的な繁殖技術や発情の同期化といった高度な繁殖技術を駆使することで、乳量と繁殖を両立できることを示唆しています。

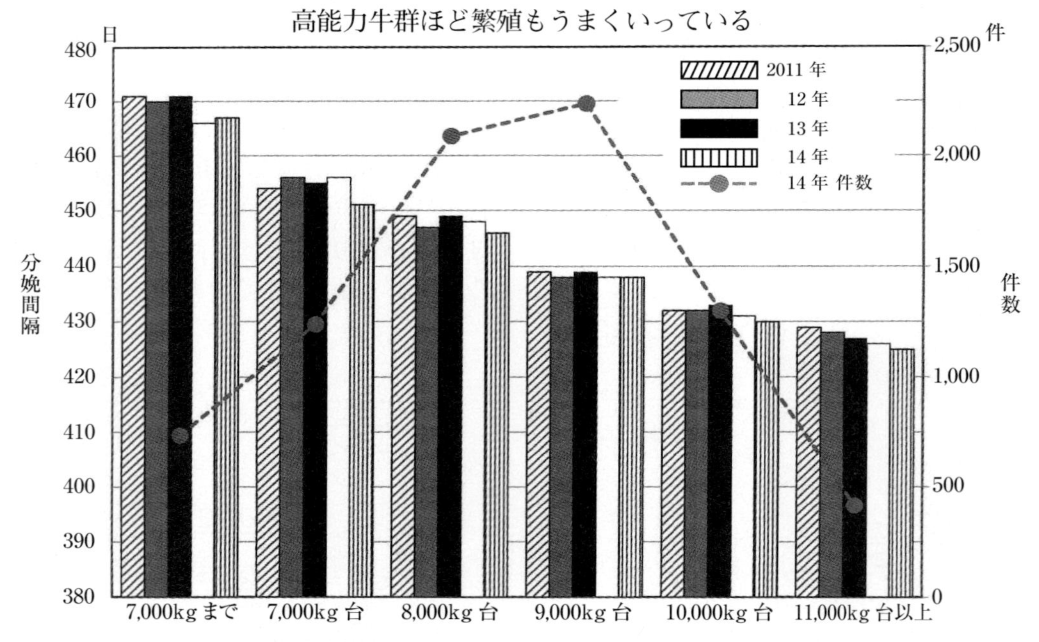

図3　乳量階層別に見た牛群検定農家の平均分娩間隔（全国）

経産牛1頭当たり乳量の高い牛群ほど分娩間隔は短い。能力の低い牛群で近年特に遅延。
能力に見合った適切な飼養管理が強く求められる

■遺伝的改良の進め方とポイント

1）供用期間の長い牛とは

農研機構北海道農業研究センターが、供用期間の長い牛とはどのような牛か調査研究しています。これによると、❶乳房の形状が優れている（乳房が浅い、前乳房の付着が強い）❷体細胞スコアが低い❸体の深さが浅い❹鋭角性に欠ける❺体の幅が狭い（後乳房の幅が狭い、胸の幅が狭い）❻泌乳持続性が高い❼肢蹄が優れている―の７項目を挙げて、乳量との関係は非常に小さいとしています。簡単に言えば、供用期間の長い牛とは好体型でも、高能力牛でもないということです。高泌乳量悪玉論でも、好体型改良論でも供用期間は延ばせないことを意味しています。

このことから遺伝的改良は供用期間の延長と相対するものでなく、これらの項目とバランスよく改良してくことで供用期間を延長することが可能であるといえます。

2）総合指数（NTP）

遺伝的改良をバランスよく行う指数が**図４**に示した総合指数（NTP）となります。総合指数は長命性に関係する体型形質（肢蹄、乳器）や体細胞スコアなどと泌乳能力の改良量を最適化したものですから、供用期間も確実に改良することができます。特に昨年８月に総合指数の見直しが行われ、泌乳持続性や空胎日数が組み込まれました。特に泌乳持続性は遺伝率が0.322（**表１**）と高く、遺伝的改良が有効とされています。泌乳持続性が高い牛群は乳期を通じて泌乳量が安定であるため、１頭１頭の毎日の搾乳量がそろい飼料設計などが行いやすくなります。このことは飼料の過不足が発生しないことから、良好なボディーコンディションを維持でき周産期病対策に有効です。

遺伝的改良を進めるための種雄牛は、国内の後代検定により選ばれた総合指数トップ40の種雄牛を利用するのが供用期間の延長に最も適しています。近年、輸入精液も数多く利用されるようになりましたが、国内種雄牛との違いは、わが国での後代検定から選ばれた種雄牛かどうかという点にあります。

後代検定は、もちろん牛群検定を土台に成り立っているわけです。牛群検定は日本国内の一般農家が自主的に参加して行っている事業ですから、そこから選ばれる国内種雄牛はわが国の飼養環境に最もよく合った種雄牛であるといえます。

現在、わが国ではイネホールクロップサイレージ（WCS）やエコフィードを用いた独自の飼養が進んでおり、今後ますます国内種雄牛の重要性は増すと考えられます。J―Sire（ジェーサイア）という酪農家や人工授精技術者、関係団体がオールジャパン体制で作出した優秀国産種雄牛も利用開始されています。

海外の種雄牛を使用する場合でも、インターブルにおけるMACE法により日本国の飼養環境に合わせたものを用いる必要があります。これは ㈱家畜改良センターが監修し、乳用

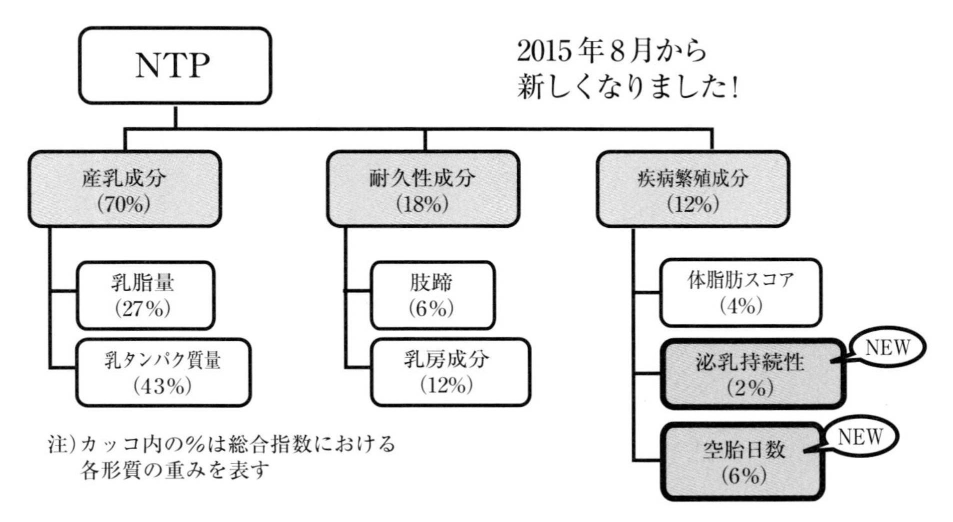

図4　総合指数（NTP、2015）

第Ⅶ章

表1　遺伝率

泌乳形質

形質	遺伝率
乳量	0.500
乳脂量	0.498
乳タンパク質量	0.429
無脂固形分量	0.448

体型形質

形質	遺伝率
決定得点	0.27
体貌と骨格	0.27
肢蹄	0.13
乳用強健性	0.34
乳器	0.20

体型形質（線形）

形質	遺伝率
高さ	0.53
胸の幅	0.30
体の深さ	0.38
鋭角性	0.25
BCS	0.23
尻の角度	0.41
坐骨幅	0.34
後肢側望	0.20
後肢後望	0.11
蹄の角度	0.05
前乳房の付着	0.21
後乳房の高さ	0.26
後乳房の幅	0.21
乳房のけん垂	0.20
乳房の深さ	0.46
前乳頭の配置	0.38
後乳頭の配置	0.31
前乳頭の長さ	0.40

その他①

形質	遺伝率
難産率	
直接遺伝率	0.06
母性遺伝率	0.03
死産率	
直接遺伝率	0.03
母性遺伝率	0.04

その他②

形質	遺伝率
気質	0.08
搾乳性	0.11
体細胞スコア	0.082
在群期間	0.08
泌乳持続性	0.322
未経産娘牛受胎率	0.016
初産娘牛受胎率	0.020
２産娘牛受胎率	0.021
空胎日数	0.053

2016年2月　㈳家畜改良センター

表2　総合指数（NTP）と長命連産効果における各形質の重み付けの比較

	産乳成分				耐久性成分				疾病繁殖成分			
	乳脂量	乳タンパク質量	無脂固形分量	乳脂率	在群期間	肢蹄	乳房成分	尻の角度	BCS	体細胞スコア	泌乳持続性	空胎日数
総合指数（NTP）	27	43				6	12			－4	2	－4
長命連産効果	11		23	6	26	4	8	2	14	－6		

㈠社 日本ホルスタイン登録協会

牛群検定全国協議会が発行する乳用種雄牛評価成績（赤本）に掲載されています。

３）長命連産効果

さて、供用期間を延ばすための遺伝的改良にはもう１つ、長命連産効果という指数があります。長命連産効果は総合指数に比べて泌乳能力の改良量を抑え、より供用期間の延長に重きを置いた指数で、単位は円で表示されています。

表２に示した通り、長命連産効果は総合指数（NTP）より多くの形質を利用します。これは乳牛の供用期間を考えるとき非常に多くの要因が関与していることによります。その中でも在群期間が重視されていることが分かると思います。また、総合指数は泌乳能力ではタンパク質量を重視していますが、長命連産効果は乳タンパク質に、乳糖やミネラルなどを加えた無脂固形分を重視しています。

また、繁殖性や周産期病の原因となる過肥削痩（さくそう）の指標であるボディーコンディションスコア（BCS）、乳房炎や乳質の指標として用いられる体細胞数も長命連産効果では重視されています。

長命連産効果は泌乳能力の改良を総合指数ほど重視しないため、長命連産効果のみで種雄牛を選択すると泌乳能力の低い種雄牛を選択してしまう可能性があります。長命連産効果を泌乳能力を下げることなく利用するのには、一定の泌乳能力を確保できる総合指数による国内種雄牛トップ40の種雄牛の中から、各農家のニーズに応じて長命連産効果の高い種雄牛を選択して交配することが重要です。

４）遺伝率

さて、表１に各遺伝形質の遺伝率を示しました。供用期間を延長するための各遺伝形質は、前述の泌乳持続性以外では肢蹄0.13、体細胞スコア0.082、空胎日数0.053と遺伝率が低いものが多いようです。これらの形質は、種雄牛による遺伝改良にのみ頼ると何世代もの時間を要してしまうことになります。

そこで、こういった飼養環境に左右されることが多い形質は、遺伝的改良に合わせて、牛群検定により管理を徹底することが求められます。体細胞数や空胎日数（繁殖）の牛群検定による管理は常識的ですが、現在の牛群検定では、近年、BCSや蹄冠スコア、飛節スコアを取り入れました（**図５、６、７**）。BCSは過肥や削痩をデータ化し、各種の周産期病予防に利用することができます。蹄冠スコアや飛節スコアは、死廃事故でトップを占める肢蹄故障を直接管理するものです。

５）農家における遺伝的改良

遺伝的改良を議論すると時々「遺伝的改良は世代間隔を短くして、どんどん若い牛に世代交代させることが、最も改良速度を速くする」と耳にすることがあります。育種学的にはこれは正しく、年々高能力になることでも分かるように若い牛ほど遺伝的に高能力となります。このことは、一見すると遺伝的改良と長命連産は対立するもののように感じてしまいます。一般農家においては改良基盤となる頭数が多いわけではありません。年4回発行される牛群改良情報により遺伝的に高能力であれば、年齢にかかわらずに後継牛生産を積極的に行う必要があります。そのためには、やはり優秀な牛を病気で失うことなく供用期間の延長により、長命連産を図ることが肝要です。牛を健康に保ち、長命連産を実践することは、遺伝的改良の面でも重要なことで、対立する事柄ではありません。

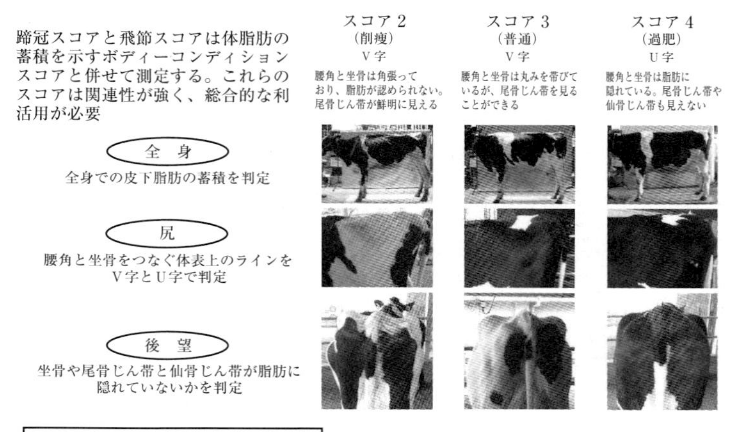

撮影協力:栃木県畜産酪農研究センター
写真提供:農研機構畜産草地研究所主任研究員
西浦明子、酪農学園大学教授　中田健

図5　簡易ボディーコンディションスコアの判定見本

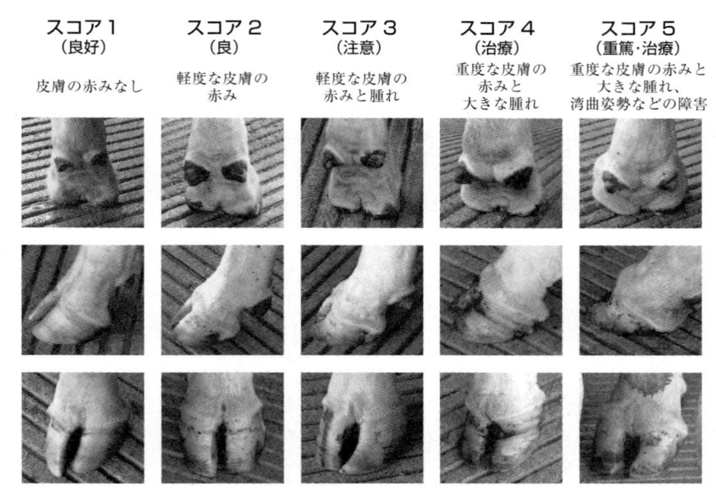

図6　蹄冠スコアの判定見本

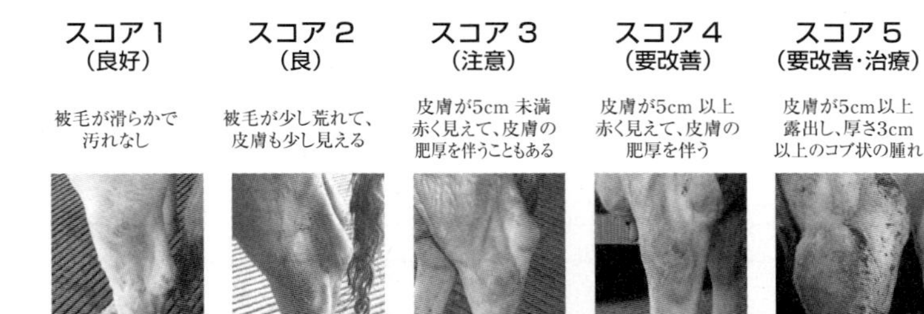

図7　飛節スコアの判定見本

＜判定の注意点＞

蹄冠スコアと飛節スコア共に後肢で判定するが、左右で異なる場合は、それぞれ数値の大きいスコアで判定する。また汚泥などで後肢が汚れていると皮膚の赤みなどの正確な判定ができない。汚泥は洗い流すようにする。

なお汚泥を洗浄することが困難な場合は、腫れや姿勢で判断できるスコアとして1、3、5の3段階の判定でもよい。

仔牛用サークル ※写真のバケツは別売りです。

46300 **特大**
幅 1.6× 奥行 2.0× 高さ 1.1m

46302 **大**
幅 1.3× 奥行 1.4× 高さ 1.0m

46304 **中**
幅 1.1× 奥行 1.4× 高さ 1.0m

46306 **小**
幅 0.9× 奥行 1.4× 高さ 1.0m

FRP製カーフハッチ

46245 **AF210M普及型**
（前棚付）
ハッチ：高さ 1.3m、間口 1.25m、奥行 2.1m

46246 **AF210P普及型**
（パドック付）
パドック：高さ 1.0m、間口 1.3m、長さ 1.4m

46220 **AF185M普及型**
（前棚付）
ハッチ：高さ 1.23m、間口 1.10m、奥行 1.85m

46221 **AF185P普及型**
（パドック付）
パドック：高さ 1.0m、間口 1.1m、長さ 1.4m

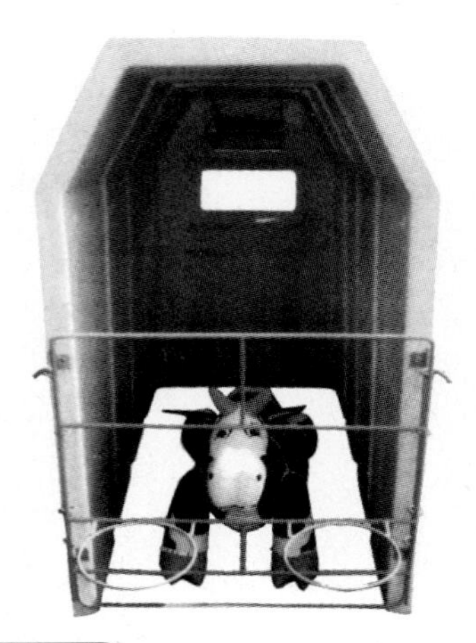

46225
ぬくぬくハッチAF200W
100V ヒーター付
（赤外線暖房器具が天井に設置されています）
高さ 1.5m、間口 0.88m、奥行 2.0m

46240 **AF220P**（パドック付）
高さ 1.30m、間口 1.25m、奥行 2.23m
パドック：高さ 1.05m、間口 1.30m、長さ 1.40m

46242 **AF220M**（前棚付）
高さ 1.23m、間口 1.10m、奥行 1.85m

※ハッチは発送の際、コンテナ貸切での発送となります。少ない台数ですと送料が大きくかかってしまいます。一度に取りまとめてのご注文をお勧めいたします。また、発送地域によってはご自宅までお届けできない場合もございます。ご了承ください。

FAX.011-271-5515
フリーダイヤル **0120-369-037**
デーリィマン社 事業部
E-Mail:kanri@dairyman.co.jp ※当社は土・日・祝日は休業です。
http://www.dairyman.co.jp ※ホームページからもご注文が可能です。
〒 060-0004 札幌市中央区北4条西13丁目
☎ 011（261）1410

第Ⅷ章

経営基盤の充実

経営基盤の充実

第Ⅷ章

1　キャッシュフローを意識した後継牛の確保

丹戸　靖

■5年後の牧場の姿を実現させる

５年後の経産牛頭数、育成牛頭数、出荷乳量、売上高、雇用人数、収支見込み―これらをすぐにイメージできる方は、「今なすべきこと」が明確になっている方です。一方、イメージが湧かない方は「何をすべきか迷っている状態」だと思います。なかなか将来が見通せない方は、酪農を通して何を実現したいのか、家族とどのような生活を送りたいのか、地域とどう関わるか、などなど、酪農以外のことについて整理しておくことをお勧めします。そうすることで、「５年後になっていたい姿」が描けるようになり、酪農経営の方向性も定まりやすくなります。〝○○でありたい〟という気持ちが強いほど、酪農現場での実行力が高まるものです。

方向性が固まった後は戦略です。その中心にあるのが牛の動態となります。「育成牛は何頭置けばいいですか？」と、よく聞かれますが、基本的には「経産牛の更新率×２」が育成牛の保有割合になります。しかし、問題になるのが資金繰りです。ホルの種付けばかりでは育成費用が増加し、副産物収入が減少するので、当面の資金繰りは厳しくなります。かといって、和牛の種付けばかりしていれば将来、導入牛の償還に追われることになります。よって、この〝牛の動態（牛繰り）〟と〝キャッシュフロー（資金繰り）〟の折り合いを付けることが後継牛確保戦略だといえます。

後継牛確保戦略では、〝牛の動態〟にめどが付くまで２、３年、〝キャッシュフロー〟は４、５年かかります。５年後の〝ありたい姿〟を実現させるため、今日から動き始めましょう。

本稿では、牛の動態とキャッシュフローの視点から後継牛確保戦略を考えます。

■１カ月未満牛の死廃を減らす

まず、育成牛頭数の動向を見てみましょう。**図１**に過去５年間の育成牛頭数（24カ月齢未満）を表しました。実線が24カ月齢未満の頭数（左軸）、点線は比較対象として１カ月齢未満の頭数（右軸）を示しています。2010年から12年４月にかけて育成牛頭数が大幅に減少していますがこの間、１カ月齢未満の牛は増加していたことが分かります。１カ月齢未満の牛が増え続けた（ホルの種付けが増え続けていた）ことにより、12年４月以降の育成牛頭数はＶ字回復できたといえます。現在は再び育成牛頭数が大幅に減少していますが、１カ月齢未満の牛の頭数も同様に減少傾向にあり、Ｖ字回復は望めない状況です。今後の経産牛頭数への影響が懸念されます。

１カ月齢未満の牛の変動要素は、❶腹の数❷精液の種類❸受胎率❹出生後の事故率―です。２年後の出生頭数を増やすために、❶～❸を工夫する必要はありますが、直近の育成牛頭数を確保するためには❹に力を入れるこ

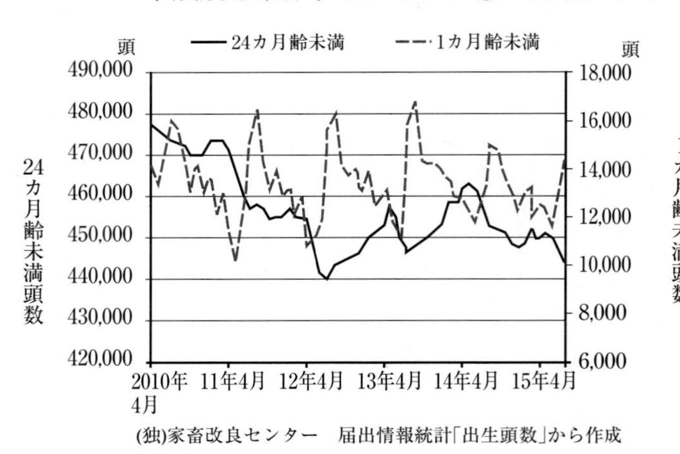

図１　育成牛頭数

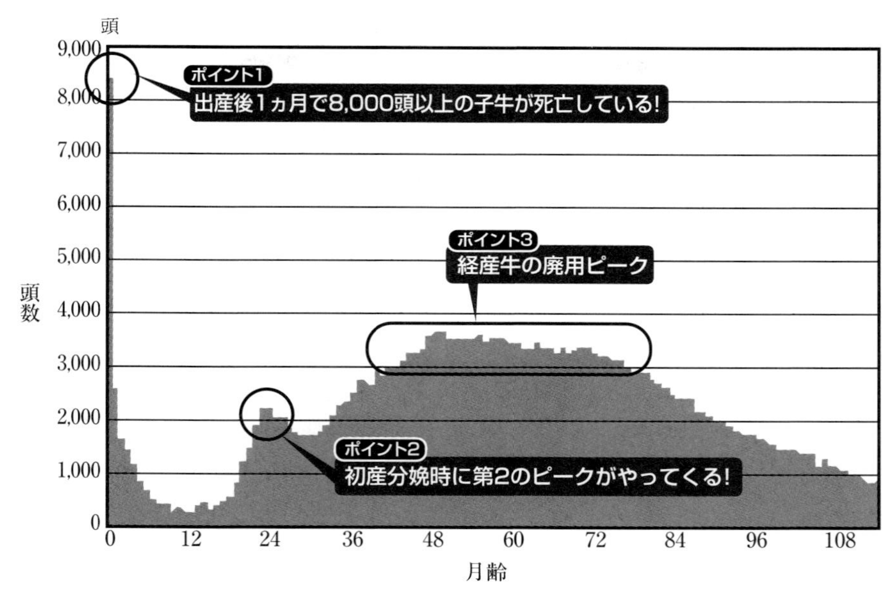

出典：(独)家畜改良センター　届出情報統計「死廃頭数(平成24年度)」から

図2　死廃頭数(ホル雌月齢ごと)

としかできません。では、1カ月齢目までにどれくらいの子牛が廃用になっているのでしょうか。

図2は、0～120カ月齢におけるホル雌の月齢ごと死廃頭数です。死廃月齢には3つの大きなピークがあります。1つ目は1カ月齢未満の出生直後で約8,500頭、2つ目は24カ月齢前後の初産分娩時で約2,000頭、3つ目は60カ月齢前後の3、4産目の廃用ピークで約3,500頭／年となっており、最大の山は分娩後1カ月齢目に訪れています。もし、この1カ月齢未満の死廃を減らすことができれば、育成牛頭数の減少率を抑えられるはずです。後継牛確保のため、われわれがすぐに実行でき、なおかつ最も効果的なことは、この出生直後の牛を適切に管理することです。

■利益が増えても喜ぶな!?

今後は〝お金〟に目を向けてみましょう。キャッシュフローとは、〝お金の流れ〟のことです。お金をやり繰りすることを〝資金繰り〟といいますが、まさに、この資金繰りがキャッシュフローをコントロールすることと同義だといえます。

注意すべきは、「利益を出すこと」と「資金繰り」とは全く別次元の話だということです。〝利益〟は野球、〝資金繰り〟はボクシングに例えられることがあります。野球は9回表まで負けていても9回裏に大逆転すれば勝ちです。経営も同様に、赤字の月もあれば黒字の月もあります。でも、結果的に累積で黒字が多ければ利益を残したことになるのです。一方、ボクシングは1ラウンドでノックアウトされてしまえば、その時点で試合終了です。資金繰りも同様で、資金がつながらなければ、その時点で廃業に追い込まれます。

自由に利用できるキャッシュのことをフリーキャッシュといいます。家族経営の場合は、このフリーキャッシュが家計で使えるお金となるわけです。利益が増えただけで喜んではいけません。家計で使えるフリーキャッシュが増えたら喜びましょう。

青色申告書に添付する損益計算書から簡易的に牧場が生み出したキャッシュを計算する方法を示しておきます。皆さんも計算してみてください。

牧場が生み出した現金
＝((36)差引金額－(34)育成振替高＋(20)減価償却＋廃用牛売却原価)－借入償還額－支払税額

(注)カッコ内の数字は損益計算書の勘定科目に付されている番号です。廃用牛売却原価は売却した経産牛の残存簿価です(その他の固定資産も含む)

■自家育成か、初妊牛導入か

後継牛確保の手段を自家育成中心とするのか、初妊牛導入で補うのかにより、キャッシュフローと経費計上が大きく変わってくるので、それぞれの特徴をよく理解しておきましょう。後継牛を主に自家育成で調達している場合は、現金の支出時期と費用化される時期が異なる点に注意が必要です。減価償却費として費用化できるのは、育成牛が妊娠・分娩後した後です。すなわち、自家育成とは「償却資産の前払い」ということになります。

図３は、自家育成した際の費用計上と現金支出の関係を表したものです。仮に１頭48万円として計算しました。会計上、乳用の育成牛は「育成仮勘定（棚卸資産）」、初産分娩を終えた段階で「生物（償却資産）」として扱われます。育成期間中は飼料代の現金支出が発生しますが経費としては計上されず、棚卸資産の増加として計上しなければなりません（育成振替）。それゆえ、育成牛が多い牧場ほど現金支出が多くなりますが、費用としては計上されないため利益が増えてしまうのです。

自家育成牛は初妊牛導入と比べ、取得価額（調達コスト）が安価という大きなメリットはありますが、労働力や敷地・施設の確保が必要なこと、育成牛の過剰確保や急激な増頭はキャッシュ不足を招く要因となる点を十分に考慮しなければなりません。

次に、後継牛の確保を初妊牛導入に頼っているケースを考えてみましょう。初妊牛導入の資金は償還期間３年程度の借入金で調達されることが多いので、現金支出と費用化がほぼ同時に行われることになります。

図４は、初妊牛を導入した際の費用計上と現金支出の関係です。仮に１頭72万円として計算しました。収入のない期間は導入から分娩までの約２カ月だけなので、自家育成よりは資金効率が良好なことが分かります。さらに初産分娩時には副産物収入が見込めますので、導入後３～６カ月間のキャッシュは非常に安定します。

ただし、償還期間中に廃用してしまうと償還だけが残ってしまい、キャッシュ不足のリスクが高まります。よって、初妊牛導入で後継牛を確保するためには、償還期間中に廃用牛を出さないこと、言い換えれば廃用牛が出ない牛舎環境・飼養管理となっていることが条件となります。

図５は負債が増えていく農家のパターンです。このような負の スパイラルに陥ると回復させるまでに相当な時間がかかります。まずは、償還期間中の経産牛の減価償却費よりも償還額の方が多くなっていないか、確認してみてください。

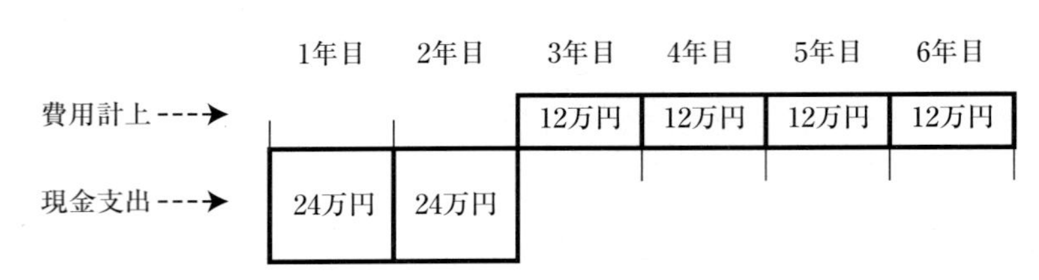

図３　自家育成の資金と費用計上の関係

図４　初妊牛導入の資金と費用計上の関係

図５　負のスパイラル

これらのことから、後継牛の確保をキャッシュの面から考えた場合、自家育成する場合には育成牛を保有できるキャッシュを持っているかどうかが重要となり、導入牛の場合は償還期間中（できれば、減価償却期間中）に牛を廃用しないことがポイントとなります。ただし自家育成の場合、キャッシュが不足したとしても育成牛を販売し、キャッシュを獲得することができます。この〝経営上の選択肢が多くなる〟という点が自家育成の資金上のメリットだといえます。

経営上のリスクから考えると、預託を含めた自家育成主体で後継牛を確保するのが理想ということになります。ただし、導入牛主体の経営から自家育成主体の経営に路線を変更するのには時間とキャッシュが必要です。次節では、これらの点も含め、経営シミュレーションを行ってみます。

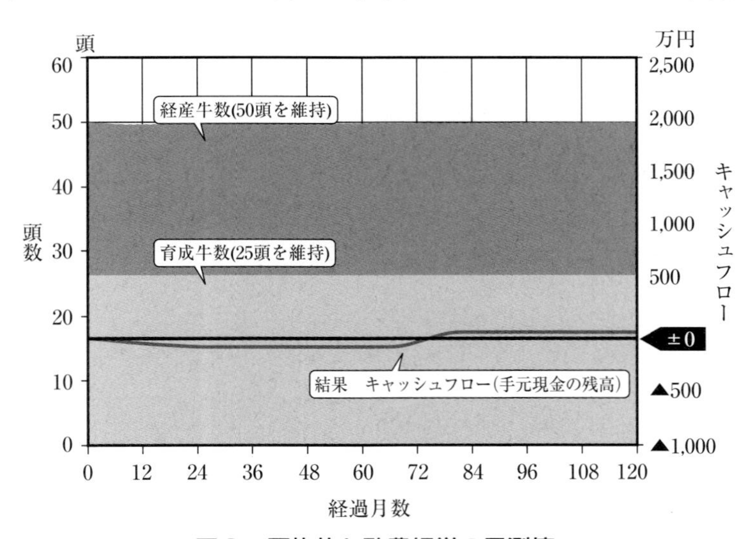

図６　平均的な酪農経営の予測値

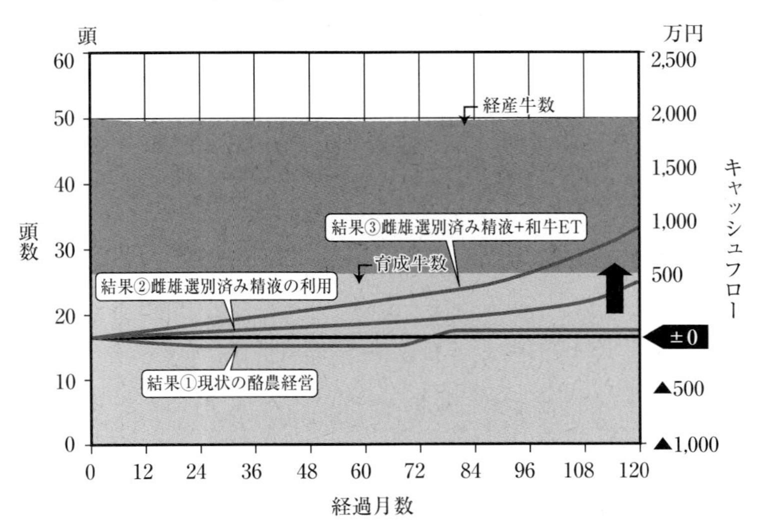

図７　種付け戦略がキャッシュフローに及ぼす影響

■10年間の経営シミュレーション

ここでは、後継牛を確保しながらキャッシュを確保するための戦略を考えてみます。基本設定は次の通りです。主に、全酪連で運用しているDMSシステム（Dairy-Farm Management Supportシステム）の集計したデータの平均値を用いています。

＜基本条件＞
- 頭数：経産牛50頭、育成牛25頭
- １頭当たり年間乳量：8,420kg
- 平均乳価：102.5円（都府県）
- 借入残高：3,000万円（300万円／年の償還）
- 家計費：300万円／年

＜牛群動態、種付け＞
- 分娩間隔：14カ月
- 初産分娩月齢：24カ月齢
- 更新率：25％
- 種付け（育成牛）：全て和牛
- 種付け（経産牛）：２／３ホル、１／３和牛

＜市場＞
- ホル♂：40,000円
- F_1平均：160,000円
- 和牛ET：300,000円

＜主な経費＞
- 飼料費：1,350円／頭・日
- 動力光熱費：2,000,000円／年
- 修繕費：1,150,000円／年

１）種付け戦略

図６は条件設定のまま10年間経営したシミュレーションです。経産牛頭数、育成牛頭数、キャッシュフローも横一線であることが分かります。これは、自家育成だけで経営規模を維持することは可能ですが、借入償還や家計費支出を含めたキャッシュフローは増加しないということです。もし、条件設定よりも経営成績が悪化すれば、キャッシュがマイナスになる、

ギリギリの状況だといえます。

図７は育成牛の種付け戦略の変更による後継牛確保とキャッシュフローの結果です。結果②では育成牛の１／２に対して雌雄選別済み精液を使用した戦略、結果③はさらに、育成牛の１／４に対し和牛ETを使用したことを想定しました。雌雄選別済み精液と和牛ETを使用するケースでは、受胎率の低下を見込み、初産分娩月齢を24カ月齢から25カ月齢へと遅らせています。

図７の種付け戦略の内容

結果①＝(育成牛)全て和牛／(経産牛)ホル２／３、和牛１／３

結果②＝(育成牛)選別１／２、和牛１／２(経産牛)ホル１／２、和牛１／２

結果③＝(育成牛)選別１／２、和牛ET１／４、和牛１／４(経産牛)ホル１／２、和牛１／２

結果②、③共に、経産牛頭数と育成牛頭数は維持できる種付け割合となっています。一方、キャッシュフローでは、結果②がホル♂出荷頭数が約４頭減、F_1出荷頭数が約４頭増になることから、年間の収支が約50万円増加します。さらに結果③では、F_1出荷頭数が３頭減、和牛ETが３頭増になることから、結果①と比較すると年間収支が約90万円増加することが分かります。

２）更新率低減戦略

続いて**図８**で、種付け割合は現状のままで更新率が25％から23％（この事例の場合廃用

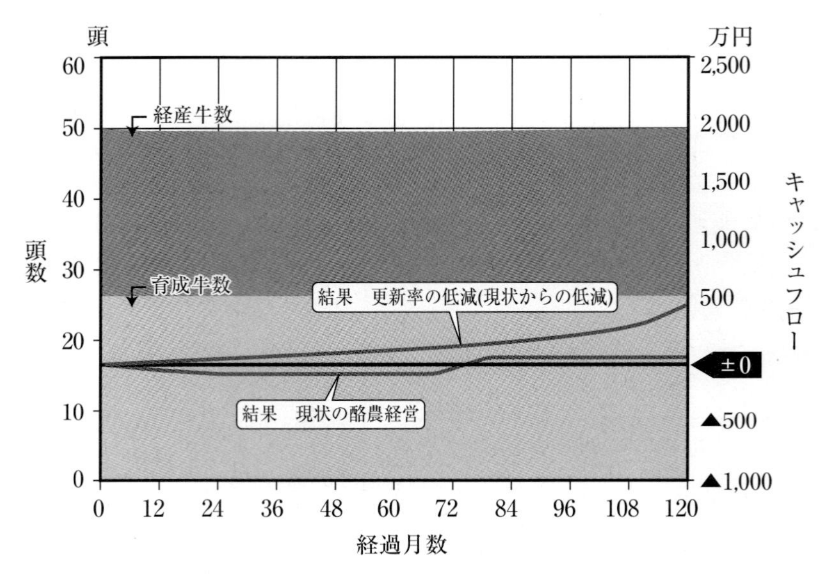

図8　更新率低減がキャッシュフローに及ぼす影響

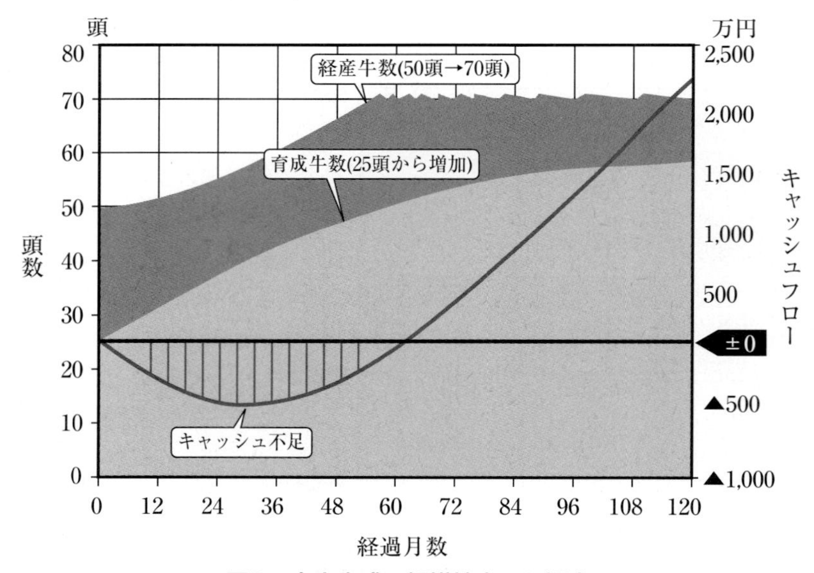

図9　自家育成で規模拡大した場合

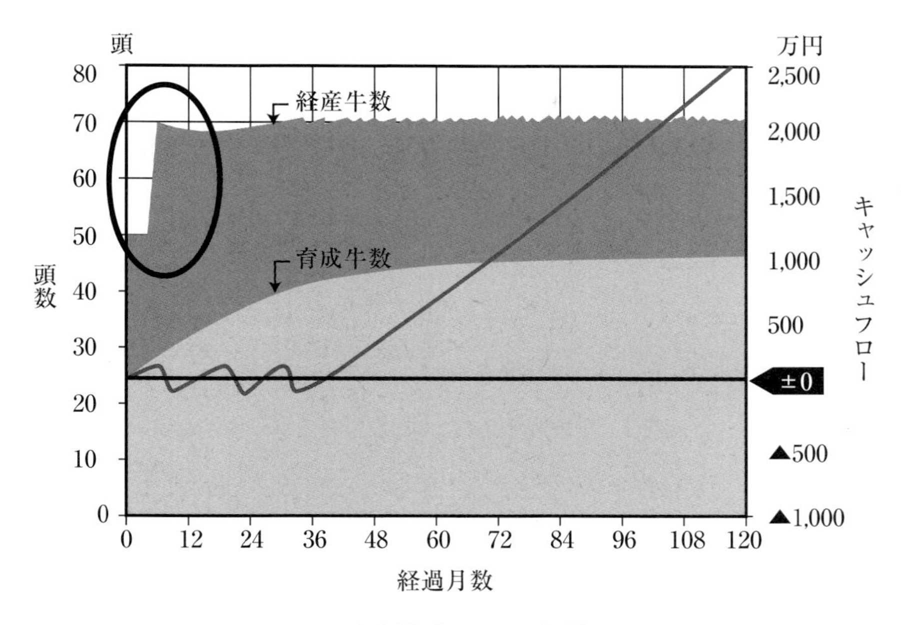

図10　初妊牛導入による規模拡大

牛1頭／年の減少）に低減したケースを見てみましょう。余剰初妊牛を販売することにより年間約50万円収支が増加します。育成牛が増えることを見越し、ホル♀の種付け割合を減少させた場合でも、F_1出荷頭数の増加および育成費用の低減で同じような資金的効果を得ることができます。

3）規模拡大時の対応

規模拡大の際、自家育成で拡大するか、初妊牛導入で拡大するか、キャッシュフローではどちらの方が有利なのか、50頭から70頭へ増頭したケースで考えてみます。

図9はホルの種付けを100％とし、自家育成で規模拡大したケースです。増頭分の育成牛が分娩を始める24カ月目まではキャッシュが減り続け、最大で約750万円のキャッシュ不足が想定されます。先ほど見た通り、自家育成は償却資産の前払いですから、48カ月目を超えないと当初の資金レベルまで回復しません。十分な資金の準備が必要となります。

図10は当初の種付けを維持しつつ、20頭導入したケースです。規模拡大局面では導入した方が早い時期に収入が得られるので、資金繰りは有利です。ただし、導入牛の早期廃用や利益を生む飼養管理がなされていない場合は、キャッシュが不足するリスクがあります。

■わが家の後継牛確保戦略

これまでを踏まえ、それぞれの牧場が後継牛確保の戦略を検討する方法を考えてみましょう。**図11**のフロチャートに沿って進んでください。

スタートは「手元資金が十分にあるか」です。自家育成を行うための資金的な余力がなければ資金繰りが行き詰まってしまいます。育成に必要な資金は農家の飼料体系によって大きく異なりますが、自給飼料主体であれば1日1頭当たり300円程度、購入飼料が多い場合は1日1頭当たり600円程度の資金は最低必要になってくるはずです。

資金的に余裕がない場合は、副産物販売で必要な資金を獲得することになります。それと同時並行で、導入牛頭数を抑えるため、更新率を低減できるような飼養管理を進めていきます。資金的な余裕が出た時点で、自家育成を含めた後継牛確保の方法を検討します。

当初から資金があり、自家育成を行っていく場合は、労働力とスペースがあるかどうかを確認します。両方とも環境が整っていれば、

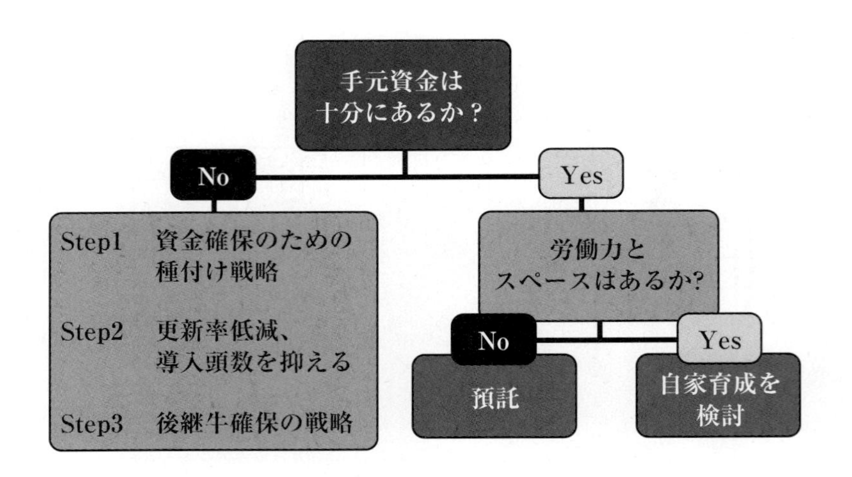

図11　後継牛確保のためのフローチャート

自家育成の道を歩むことができます。両方ない場合は預託を利用することになります。

■われわれがなすべきこと

最後に、後継牛とキャッシュを確保するためにわれわれがなすべきことをまとめました。「基本に忠実に管理する」ということになると思います。

①出生～哺育管理の徹底
子牛の死廃を減らすことにより、直近の育成牛不足を少しでも回避することができます

②育成管理の徹底
雌雄選別済み精液や和牛ETにチャレンジできる機会が増えます

③移行期管理の徹底
周産期病を減らし、更新率低減につながります。やはり、長命連産がポイントです

④経営シミュレーション
〝牛繰り〟と〝資金繰り〟のイメージトレーニングができます

経営基盤の充実

第Ⅷ章

2　PDCAシステムの導入と地域支援の役割

阿部　亮

■乳牛は高乳量、繁殖成績悪化へ

日本酪農が今の形の飼料構造を取り始めた1980年の検定牛の平均乳量は6,339kgで乳脂率は3.70%でした。それが2013年度では、乳量が9,406kg、乳脂率が3.92%です。30年と少しで3,067kgも増え、中身も濃くなっています。分娩間隔はどうでしょうか。1980年は平均399日で2013年度が437日ですから、こちらは38日、1カ月以上も延びています。

高乳量になり繁殖成績は悪化の方向にあります。アメリカなど酪農先進国でも同じ事情を抱えていて、2つの形質をどう調和させてゆくかの技術と研究に力が注がれています。

■牛群の産次構成と初産牛割合

乳牛の供用期間は経年的に見て短くなっています。2013年度の牛群検定成績（全国）を見ますと、54万2,605頭の検定牛の産次別頭数分布は、初産が30.5%と最も多く、これに2産の牛を加えると合わせて56.7%となり、3産が18.4%、4産が11.4%ですが、5産以上は1桁台になります。7産以上は3.2%で高年齢の牛が少なくなっています。

ここ数年の初産牛の比率は北海道では30%前後、都府県では30%を超えています。初産牛はいまだ成長中ですから、摂取栄養素を体組織の形成と維持と泌乳にシェアしなければなりません。従って乳量は2、3、4産の乳量よりも少ない。検定成績を見ていても5～8産の牛の方が初産よりも多い個体が見られます。

検定牛に占める初産牛比率（全国）は1977年が18%、80年が25%、94年が28%です。長命連産ではなくなってきています。

■除籍年齢と理由

2013年度の検定牛の除籍数は12万8,542頭ですが、この中で4年未満が22.5%、4年以上5年未満が18.4%、両者40.9%を占めます。働き盛りの牛が残念ながら廃用・除籍になっているのです。

疾病による除籍の割合は繁殖障害が19.2%、乳房炎が14.1%、肢蹄障害が10.0%、消化器病が2.7%、起立不能が5.1%。これらの理由による除籍は国内の検定牛総数の12.1%、検定農家1戸当たりの頭数は7.4頭にもなります。

ある障害・疾病で除籍になる比率を年齢で、ここでは4年未満の牛で見ると、乳房炎が20.6%、繁殖障害が17.0%、肢蹄障害が21.8%、消化器病が28.2%、起立不能が20.8%です。繁殖障害を除いて4年未満の牛が他の年齢の牛よりも大きい値を示しています。繁殖障害では4年以上5年未満の牛が19.7%と最も大きな値を示しています。総じて、障害・疾病での除籍は若い牛に多い状況です。

■個体間の差が大きい空胎日数

ある酪農家の52頭の乳牛の前産次の空胎日数のデータを見る機会がありましたが、実に個体間差が大きい。平均値は141日ですが、53日が1頭、～101日が20頭、～150日が16頭、～198日が6頭、～247日が4頭、～295日が1頭、～344日・それ以上が4頭です。

1年に1産あるいはそれに近い牛が40%という一方で、分娩間隔が500日以上の牛も

17%いるといった状況です。

■乳成分が示すエネルギーバランス

ある酪農家のある月の検定データを見せていただきました。2産以上で日乳量が42〜48kgの牛11頭について、その乳脂率と乳タンパク質率を拾い出しました。乳脂率は3.1〜4.7%、乳タンパク質率は2.7〜3.4%、そしてP／F比(乳タンパク質÷乳脂率×100)の値は65〜103の変動範囲にあり、個体間の差は大きなものでした。

飼料の摂取量や濃厚飼料と粗飼料の食べ方の違いが変動の1つの要因でしょう。

アメリカではP／F比ではなく、逆にF／P率(乳脂率÷乳タンパク質率)で乳脂率と乳タンパク質率の関係を見ているようですが、F／P率が1.5以上だとケトーシス、第四胃変位、歩行障害、乳房炎などのリスクが高まるとの報告があります。筆者が見たデータの中には、分娩後63日の牛で1.54、分娩後18日の牛で1.47という、注意を要する牛が見られました。

泌乳初期の牛はエネルギーバランスが負になり、それを補うために体脂肪が削られ、乳脂肪はそれでつくられるのですが、乳タンパク質合成素材のプロピオン酸やアミノ酸は飼料摂取量の不足の影響を強く受けてしまいます。負のエネルギーバランスの程度と疾病との関係を示す指標としてP／F比、F／P率が注目されていますが、牛の個体ごとにかなり、その値は異なる状況にあるようです。

■キーワードは「斉一な牛群」

この項で、これまでは、皆さんのご存知のことを数値として定量的に示し、頭の整理をしていただきました。これからのキーワードは、「若い牛」であり、「斉一な牛群」ということになるでしょう。そのためにPDCAについて考えてみます。

■生産性を高めるPDCAの実践

経営の基本的な工程を連続的に結合させるシステムをPDCAといいます。その工程には、Plan(P＝計画)、Do(D＝実践)、Check(C＝点検・評価)、Act(A＝改善)の4つが含まれます。この4つを繰り返しながら生産性を高めていこうというのがこのシステムの精神です。これから酪農を始めようとする方は、P→D→C→Aという順序で実践することになるのでしょうが、既存の酪農家では、最初はCを、そしてAという流れになるでしょう。ですが、ここではP→D→C→Aという順序で各工程の内容を酪農について考えてみます。

1)目的と手段の計画(Plan)

どのような姿の酪農経営にするかという計画です。いくつか挙げてみましょう。まず、「数量の計画」です。

現在の個体の乳量水準をベースにどれだけの経産牛を維持し、後継の育成牛頭数を考え、何年先にはどのくらいの出荷乳量にするかという計画(目標)が最初にあります。

次に「繁殖の計画」です。後継牛、F_1牛生産、和牛受精卵の移植の3つをけい養牛にどのように配分するか、です。また、「生産基盤の計画」もあります。草地・飼料作物はどのような種類や品種を栽培するか、どの程度の栄養価(TDNや粗タンパク質含量)の粗飼料をつくるか、そして、そのために草地の更新計画はどのようにするかなどがあるでしょう。

さらにその先には「生産方法の計画」があります。これには、飼料の給与方法はどうするか、飼料設計はどうするか、乳成分にはどの水準を求めるか、飼料生産や調製をコントラクターやTMRセンターに依存するかどうか、ということが含まれます。

そして「生産コストの計画」です。乳飼比も含めて精密に計画されることが大切です。酪農家の方と話をして「今、使っている配合飼料はキロいくらですか？」という質問に即答できない人がいます。これはやはり、いけません。

2)実行(Do)

計画ができたら、次は実行です。ここで大切なのは「将来を見詰める」「優先順位を決めてそれを着実に行う」ことと、継続は力なりですから「無理はしない」ということだと思います。

3)飼養管理改善のための点検(Check)

ここがPDCAにおいて日常的に最も大切な

ところとなります。いわば、牛と農場の評価です。いくつか挙げてみましょう。

「発情の発見は」「分娩時の状況は」「周産期疾病は」「空胎日数は」「選び食いは」「残食の量と質は」「粗飼料の栄養価は」「飼槽の清潔さは」「飼料の掃き寄せは」「跛行の牛は」「牛床・通路の乾燥状態は」「搾乳の手順は」「乳房炎牛は」「牛舎内の換気は」「乳牛の快適性は」「異常牛の発見は」「反すうの状況は」「乳量と乳質は」「配合飼料や副原料の価格は」「糞の性状は」などなどです。

ここで大切なのは「しっかりと観察をする」「観察力を高める」「観察したことを記録する」そして「情報を活用する」ということです。情報には「牛群検定成績」「粗飼料分析結果報告書」「代謝プロファイル（血液分析）データ」などがあります。また、繁殖台帳やカレンダーを横に置くことも大事です。観察の結果と科学的なデータを重ね合わせて「何がどの程度に問題か」を把握することがこの工程では重要です。

4）改善（Act）

点検することによって、農場の今が浮き彫りになるので次は、経営にマイナスになっている事柄の改善に移ります。ここでも、「何を最初に解決するか」の判断が重要になります。ある課題には複数の点検項目が絡み合った形で影響していますから、その糸をたぐり寄せ、課題の原因を総合的に把握することが大切です。

この本、「長命連産実践ガイド」では、執筆の先生方に改善の方法について書いていただきました。参考にしていただければ幸いです。

5）改善に必要なデータ・情報

筆者は日本大学勤務時に北関東のある地域で、酪農家6戸の周産期乳牛22頭の定量的な調査をしたことがあります。飼料給与の特徴は輸入乾草の割合が多いことで、給与乾物中の乾草比率は53.2～86.5%、平均で74.0%でした。血液分析をしましたが、エネルギーの充足指標としての総コレステロールが1dℓ（100mℓ）中100mg未満、タンパク質の充足指標としてのBUN（血中尿素窒素）が1dℓ中8mg以下が周産期疾病（乳熱、胎盤停滞、第四胃変位、脂肪肝、臨床型乳房炎など）に関して臨床的に要注意牛とされています。

試験牛の中には、この水準以下の牛が多く見られ、また血中のβ－カロテン濃度は1dℓ中100μg以下の牛で繁殖障害の発生率が高いといわれますが、100μg以下で、しかも非常に少ない牛も多く見られました。

飼養成績はよくありませんでした。死産が6頭、そして母牛では4頭が廃用で、周産期疾病で診断を受ける回数も多いという結果でした。なぜでしょうか。原因の1つは使用量が多い輸入乾草の質が悪かったことにありました。例えば、粗タンパク質含量はオーツ乾草（9点）が乾物中4.4～10.9%の範囲で平均値が6.4%、チモシー乾草（3点）が4.7～7.4%の範囲で平均値が5.8%、バミューダグラス乾草（3点）が9.0～12.9%で平均値が11.1%でした。バミューダグラス乾草以外はよくありません。そして総繊維含量が高く、その消化率も低い傾向にありました。

周産期牛への推奨栄養素含量は給与乾物中、粗タンパク質は15.0%、NFC（糖・でん粉・有機酸類）が32.1%という値が国内の協定研究で示されています。しかし、6戸の酪農家の給与飼料乾物中の粗タンパク質含量は7.6～11.2%の範囲で平均値が9.2%でした。NFCでは13.7～31.5%の範囲で平均値が24.8%でした。エネルギーと粗タンパク質の両方がかなり不足していたのです。調査後の酪農家との話し合いの中での、「使っていた乾草の質がこんなに悪いとは知らなかった」という言葉が、今も耳の奥に残っています。

■チームの結成と支援の進め方

PDCAをうまく回転させるため、特にAct（改善）を効果あるものとするためには、地域の技術者の協力を得ることが大切であり、必要なことだと考えます。イメージとしては、酪農家を包み込む地域の技術チームでしょうか。そして、そこでは遠慮会釈なく、ざっくばらんの議論ができる雰囲気を維持することが大切です。

筆者が拝見した宮崎県北諸県地域の酪農経営支援の例を紹介しましょう。参加組織は自治体（都城市、三股町）、JA都城、南部酪農、

NOSAI都城、宮崎県経済連、酪農公社、全酪連、宮崎県農林振興局農業改良普及センターです。この体制で「事業の紹介」、「技術指導」「繁殖検診などの支援」「データの取りまとめ」「飼料設計」「後継牛確保」「産地分析」が関係機関の一体的・協調的な連携の下に行われています。

この中で「産地分析」という聞き慣れない言葉が出てきます。産地分析とは「個人ごとの牛群検定データ・販売データなどを基に分析を行い、産地や個別の課題を見つけだす分析手法」だそうです。分析項目としては、乳量、繁殖（分娩間隔、発情発見率）、乳質（乳脂肪率、体細胞数）、販売データ（出荷乳量、販売データ）が対象になります。

支援活動には次のような内容が含まれます。「産地分析の実施」→「重点個別指導農家の選定」→「農家訪問（産地分析の結果の説明、アンケート実施）」→「課題の整理、改善内容や順序の確認」→「課題に応じた関係機関一体となった支援（飼料設計の見直し、環境の改善、繁殖改善）」→「農家再訪問（改善内容と支援チーム体制の提案）」です。

■求められる要件とは

繰り返しますが、高い能力を持ち、それ故に繊細な乳牛を長命に維持するためには、酪農家の感性と科学的な情報の調和が必要です。技術支援チームと酪農家がPDCAの実践で成果を挙げて、農家経営の向上に貢献することがその地域の1つのモデルとなり、その成果を全体に拡大していくことが、今までの負のトレンドにあった日本酪農の反転攻勢のためには欠かせません。

そのために必要な要件をいくつか考えてみました。1つは、地域の技術支援チームを立ち上げる人の存在です。酪農家個人や有志、農協マン、農業改良普及センターや家畜診療所の人、誰でもよいのです。問題意識（＝危機意識）と情熱を持つ人やグループが組織を立ち上げる、そういった地域の力とその力を持続させるリーダーが必要でしょう。

次に、チームは最新の研究と技術の情報を常に収集し、知的なストックを質・量共に充実させていくことが必要です。また、チームには目的意識の同一化、統一が必要ですが、異業種のメンバーが参加する集団になるので、ときには帰属意識を脱する、つまり価値観の転換が必要となります。そのことを最初に確認しておくことも大切だと思います。

さらに、対象の酪農家が抱える問題の中で、「今、特に何を改善すべきか」については、よって来たる問題の根幹を捉え、大局観を持って酪農家とチームメンバー間の徹底した議論（ディベート）が大切ですが、最終的には、農家の判断に委ねるという気持ちが基本的に大切でしょう。

【参考文献】

・乳用牛群能力検定成績のまとめ～平成25年度～、㈳家畜改良事業団・乳用牛群検定全国協議会

・泌乳初期の乳中の乳脂率と乳蛋白質の比率が乳量および健康状態に及ぼす影響、F.Toniら、J. of Dairy Sci.,94, 1772 (2011)、科学飼料抄訳、56巻10号、2011.

・都府県酪農の技術と経営を考える、4.周産期の栄養管理、種村高一・丹羽美次・阿部亮、畜産の研究、62巻8号、2008.

・北諸県地域の産地分析を用いた酪農経営支援、唐津美和、乳用牛ベストパフォーマンス実現のための技術改善にかかる情報交換会（宮崎）資料、平成27年10月8日、宮崎県経済農業協同組合連合会会議室

長命連産実践ガイド

DAIRYMAN　夏季臨時増刊号
定　価　2,300円＋税
（送料　124円＋税）

平成28年4月25日印刷
平成28年5月1日発行

発行人　安田　正之
編集人　星野　晃一
発行所　デーリィマン社

札幌本社　札幌市中央区北4条西13丁目
TEL　(011) 231－5261
FAX　(011) 209－0534

東京本社　東京都豊島区北大塚2丁目15－9
ITY大塚ビル3階
TEL　(03) 3915－0281
FAX　(03) 5394－7135

ISBN978－4－86453－039－2 C0461 ¥2300E

表紙デザイン　葉原　裕久（vamos）
印刷所　大日本印刷（株）

― デーリィマンの酪農用品（運搬車／FRP製・ポリ製）―

47120 ①FRP製三輪車（300ℓ）

タンク寸法
上部幅 69cm× 長さ 147cm
底部幅 56cm× 長さ 68cm
深さ 53cm
フレーム寸法
底部幅 54cm× 長さ 74cm
タイヤ外幅 82cm
地上高 75cm

47121 タンク
47122 フレーム（タイヤ付）

47100 ⑤ポリ製三輪車（200ℓ）

タンク寸法
上部幅 59.5cm
× 長さ 104.5cm
底部幅 44.5cm
× 長さ 89cm
深さ 44.5cm
フレーム寸法
底部幅 44cm× 長さ 85cm
タイヤ外幅 71cm
地上高 80cm

47101 タンク
47102 フレーム（タイヤ付）

47125 ②ポリ製三輪車（400ℓ）

タンク寸法
上部幅 81cm
× 長さ 161cm
底部幅 61cm
× 長さ 78cm
深さ 53cm
フレーム寸法
底部幅 63cm
× 長さ 85cm
タイヤ外幅 89cm
地上高 75cm

47126 タンク　47127 フレーム（タイヤ付）

47105 ⑥ポリ製三輪車（250ℓ）

タンク寸法
上部幅 67.5cm× 長さ 122cm
底部幅 59.5cm× 長さ 92cm
深さ 45cm
フレーム寸法
底部幅 56cm× 長さ 92cm
タイヤ外幅 81cm
地上高 80cm

47106 タンク
47107 フレーム（タイヤ付）

47135 ④ポリ製四輪車（400ℓ）

タンク寸法
上部幅 81cm
× 長さ 161cm
底部幅 61cm
× 長さ 78cm
深さ 53cm
フレーム寸法
底部幅 63cm
× 長さ 85cm
タイヤ外幅 81cm（タンク幅）
地上高 83cm

47126 タンク　47137 フレーム（タイヤ付）

47165 ⑰FRP製一輪車（90ℓ）

バケット寸法
上部幅 70cm
× 長さ 96cm
× 深い所 35cm
底部幅 40cm× 長さ 40cm
× 深い所 30cm

47251 太タイヤ
47166 サラ
47167 フレーム（タイヤ付）

47134 FRP製四輪車（400ℓ）

タンク寸法
上部幅 81cm
× 長さ 161cm
底部幅 61cm
× 長さ 78cm
深さ 53cm
フレーム寸法
底部幅 63cm
× 長さ 85cm
タイヤ外幅 81cm（タンク幅）
地上高 83cm

47128 タンク　47137 フレーム（タイヤ付）

47124 FRP製三輪車（400ℓ）

タンク寸法
上部幅 81cm× 長さ 161cm
底部幅 61cm× 長さ 78cm
深さ 53cm
フレーム寸法
底部幅 63cm× 長さ 85cm
タイヤ外幅 89cm
地上高 75cm

47128 タンク
47127 フレーム（タイヤ付）

FAX.011-271-5515
フリーダイヤル 0120-369-037
デーリィマン社 事業部
E-Mail:kanri@dairyman.co.jp　※当社は土・日・祝日は休業です。
http://www.dairyman.co.jp ※ホームページからもご注文が可能です。
〒060-0004 札幌市中央区北4条西13丁目
☎ 011(261)1410